# Mobilität aus Kundensicht

Sven Henkel · Torsten Tomczak
Stefanie Henkel · Christian Hauner

# Mobilität aus Kundensicht

Wie Kunden ihren Mobilitätsbedarf decken
und über das Mobilitätsangebot denken

Sven Henkel
European Business School (ebs)
Oestrich-Winkel
Deutschland

Torsten Tomczak
Universität St. Gallen
St. Gallen
Schweiz

Stefanie Henkel
Universität St. Gallen
St. Gallen
Schweiz

Christian Hauner
Universität St. Gallen
St. Gallen
Schweiz

ISBN 978-3-658-08074-7      ISBN 978-3-658-08075-4 (eBook)
DOI 10.1007/978-3-658-08075-4

Die Deutsche Nationalbibliothek verzeichnet diese Publikation in der Deutschen Nationalbibliografie; detaillierte bibliografische Daten sind im Internet über http://dnb.d-nb.de abrufbar.

Springer Gabler

Gedruckt auf säurefreiem und chlorfrei gebleichtem Papier

Springer Fachmedien Wiesbaden GmbH ist Teil der Fachverlagsgruppe Springer Science+Business Media (www.springer.com)

**In Gedenken an Dr. Wolfgang Armbrecht**

*Dieses Buch wurde von Dr. Wolfgang Armbrecht initiiert. Seine Ideen, sein Wissen und seine Gedanken prägen dieses Buch. Vor allem ihm ist es zu verdanken, dass zahlreiche Persönlichkeiten bereit waren, an diesem Buch mitzuwirken, indem sie ihre persönlichen Meinungen, Einschätzungen und Erfahrungen zur Zukunft der Mobilität mit uns teilten.*

*Wolfgang Armbrecht verstarb im Frühjahr 2013. Neben einem Visionär in den Gebieten Marketing und Mobilität haben wir vor allem einen sehr guten Freund und Kollegen verloren.*

# Vorwort

Mobil sein wollen, mobil sein müssen. Kaum etwas prägt unsere Entscheidungen stärker als unser Mobilitätsbedürfnis. Wähle ich einen verkehrsgünstig gelegenen Wohnort oder nehme ich für etwas mehr Naturerlebnis längere Pendelzeiten in Kauf? Oder ist das Mehr an Fahrzeit nicht sogar ein Mehr an Freizeit für den Fahrer? Zeit, in der er seine Musik hören, seine Wohlfühltemperatur regulieren und seine Sitzposition frei wählen kann? Bestelle ich bei Amazon oder gehe ich doch lieber in die Buchhandlung nebenan? Mache ich mit beim Carsharing oder sind mir der eigene Besitz und die damit verbundenen Individualisierungsmöglichkeiten wichtiger?

Wann immer Menschen Entscheidungen treffen, tun sie dies in erster Linie aus dem Bauch heraus. „The heart has reasons that reason does not understand", sagte der Theologe und Philosoph Jaques Benigne Bossuet bereits im 17. Jahrhundert. Anders ausgedrückt: Wir nutzen unseren Kopf oftmals nur, um Bauchentscheidungen im Nachhinein zu rechtfertigen. Umso erstaunlicher ist es, dass der wissenschaftliche Diskurs im so lebensnahen Gebiet der Mobilität in erster Linie auf technologische Aspekte fokussiert. Wann und wie machen Fahrerassistenzsysteme unfallfreies Fahren möglich und erlauben gleichzeitig das fehlerfreie Diktieren von Emails? Wie können Taxifahrten noch günstiger angeboten und Zalando-Pakete noch schneller zugestellt werden? Ob der Kunde dieses Mehr an Technologie oder Weniger an Kosten wirklich wertschätzt, fragt kaum jemand. Taxi-Vielfahrer, die wir interviewt haben, geben an, dass nicht der Preis kaufentscheidend ist, sondern die Möglichkeit diesen mit Kreditkarte zu begleichen. Warum also die Fahrzeugflotte eines Taxiunternehmens auf Hybrid umstellen, wenn den Kunden ein Kreditkartenlesegerät viel glücklicher macht?

Dieses Buch hat keinesfalls den Anspruch, bestehende Arbeiten aus Wissenschaft und Industrie zu widerlegen. Vielmehr geht es darum, die bestehende Diskussion um kundenrelevante Aspekte zu ergänzen. Mobilität ist ein branchenübergreifendes Phänomen. Neue Märkte tun sich auf, alte Märkte müssen neu und flexibler organisiert werden. Um dieser Komplexität gerecht zu werden und sie handhabbar zu machen, unterscheidet das von uns entwickelte Insight Mobility-Modell vier Entscheidungsalternativen aus Kundensicht: „Ich fahre" (Individualverkehr), „Ich werde gefahren" (Öffentlicher Verkehr), „Ich lasse fahren" (Logistik) und „Ich verweile" (Raumüberwindung durch Informations- und Kommunikationstechnologie). Zwischen diesen Alternativen wägt der Mobilitätsnutzer ab und entwickelt so sein individuelles Mobilitätsprofil.

Um ein besseres Verständnis für Entscheidungsalternativen und ihre Nutzung zu entwickeln, sind nachfolgend Marktforschungsdaten zu den bedeutendsten Mobilitätsangeboten zusammengestellt. Ergänzt werden diese um Erkenntnisse aus Tiefeninterviews,
die wir mit 24 Mobilitätsnutzern und-experten geführt haben. Den Abschluss bildet die
Beschreibung von acht Mobilitätstypen, die wir auf Basis unserer Erkenntnisse entwickelt
haben.

Das Ergebnis ist ein spannendes Portfolio aus wissenswerten Fakten, Einschätzungen
von Nutzern und Gestaltern der Mobilität sowie ein Ausblick künftiger Mobilitätsverhalten der acht prototypischen Mobilitätsnutzer. Dadurch soll dem Leser die Facetten-
vielfalt der Mobilitätsforschung geöffnet werden und er zur Diskussion anregen werden.

Wir wünschen viel Freude bei der Lektüre!

Prof. Dr. Sven Henkel
Prof. Dr. Torsten Tomczak
Dr. Stefanie Henkel
Christian Hauner

# Inhaltsverzeichnis

# Über die Autoren

**Prof. Dr. Sven Henkel** ist Professor für Käuferverhalten und Verkauf sowie Executive Director des Automotive Institute for Management (AIM) an der EBS Business School, Oestrich-Winkel.

**Prof. Dr. Torsten Tomczak** ist Ordinarius für Betriebswirtschaftslehre mit besonderer Berücksichtigung des Marketings sowie Direktor der Forschungsstelle für Customer Insight (FCI) an der Universität St. Gallen.

**Dr. Stefanie Henkel** ist Senior Research Associate an der Forschungsstelle für Customer Insight (FCI) an der Universität St. Gallen.

**Christian Hauner (M.Sc.)** ist wissenschaftlicher Mitarbeiter an der Forschungsstelle für Customer Insight (FCI) an der Universität St. Gallen. Seine Forschungsschwerpunkte liegen in den Bereichen neue Mobilität und Technologieakzeptanz, insbesondere autonomer Systeme.

# Das Insight-Mobility-Konzept – Vier Grundformen der Mobilität

Halb acht Uhr morgens in der Nähe von Frankfurt: Papa schiebt sich noch schnell den Rest vom Honigbrot in den Mund, um kurz darauf mit der Arbeitstasche unter dem einen und der Zeitung unterm anderen Arm zur S-Bahn zu hetzen. In der Garage tut es Schläge, weil der Sohnemann beim Ausparken des neuen Mountainbikes wieder alles andere umgeworfen hat; das frühe Aufstehen bekommt ihm einfach nicht. Mama sucht panisch den Schlüssel des Familien-Vans. Um spätestens halb neun müssen die Zwillinge in der Kita sein, denn ab neun hat sich der Zalando-Mann angemeldet – der Mann, der früher Postbote hieß. Der ganz normale Familienwahnsinn, wie er sich, so oder ähnlich, allmorgendlich hunderttausendfach in den Speckgürteln der großen Städte vollzieht.

Gleichzeitig im Züricher Single-Loft: Der Rimowa-Trolley ist gepackt, das Mobile-Ticket für den Flieger nach München ist downgeloaded, das Taxi zum Flughafen wartet vor der Tür. Auf dem Weg zum Flughafen noch kurz die Mails gecheckt und ein paar Calls gemacht. Dann ein kurzes Meeting mit den Münchner Kollegen in der Business-Lounge, bevor es gemeinsam zum Kunden im Medienpark Ismaning geht. Eile ist geboten. Der Kundentermin muss pünktlich um 11.30 Uhr losgehen, sonst wird es knapp mit dem Rückflug um vier, dem Anschlussmeeting um sechs und dem Fitness-Studio ab acht. Allein McKinsey, die Boston Consulting Group (BCG) und Accenture beschäftigen im deutschsprachigen Raum rund 10.000 Berater. Für sie ist das oben beschriebene Setting Alltag. Vier Tage die Woche, denn freitags haben Beratungen ja bekanntlich Office Day.

Zur selben Zeit in der schmucken Ferienwohnung am Wörthersee. Das Ehepaar ist im besten Alter und in Frührente. Die Kinder sind aus dem Haus, haben teilweise selbst Kinder und leben über den halben Erdball verteilt. Warum nicht die Stadt während der Sommermonate hinter sich lassen und die schönen Tage da genießen, wo es wirklich schön ist? Die Vorarlberger Nachrichten liegen dank Nachsendeauftrag auf dem Frühstückstisch, ebenso die Blutdrucktabletten, die die Versandapotheke kostenlos zustellt. Ist die Sehnsucht nach den Enkeln groß, wird geskyped. Ansonsten ist es ja auch mal ganz

© Springer Fachmedien Wiesbaden 2015
S. Henkel et al., *Mobilität aus Kundensicht*, DOI 10.1007/978-3-658-08075-4_1

schön, die wilden Kindeskinder nur auf Facebook und Instagram zu sehen. Beim Banking traut das Ehepaar dem Internet nicht, das geht ja zum Glück auch telefonisch. Sicher ein privilegierter Lebensstil, aber nicht mehr die ganz große Ausnahme. Mallorca beheimatet über 160.000 ausländische Bewohner – mehr als 30.000 davon Deutsche. Die sind sicher nicht alle Millionäre.

Drei Lebensmodelle, die eines gemeinsam haben: Mobilität. Die Protagonisten haben unterschiedliche Bedürfnisse an Mobilität, die sie mit individuell zusammengestellten Mobilitätslösungen befriedigen. Teile ihres individuellen Lösungsportfolios sind gesetzt, so zum Beispiel die S-Bahn, die sich aufgrund der Parksituation in und die Entfernung des Wohnorts von der Stadt weder durch das Auto noch durch das Fahrrad ersetzen lässt; andere sind in Abhängigkeit von der situativen Präferenzstruktur variierbar: Der gleiche Kunde, der montags mit dem Auto zum Supermarkt fährt, nimmt dienstags das Rad, weil das Wetter schön ist, er abnehmen muss und ohnehin nicht viel braucht. Donnerstags macht er den Großeinkauf im Internet, der freitags geliefert wird und den Kühlschrank fürs Wochenende füllt. Und am Wochenende will er mit Freunden per Zug in die Shopping-Mal. Warum das Auto nehmen, wo man auf der Zugfahrt so herrlich quatschen kann?

Hochentwickelte Märkte wie Deutschland, Österreich und die Schweiz sind gekennzeichnet durch ein schier unerschöpfliches Mobilitätsangebot: Automobilkonzerne, Autovermieter, Taxiunternehmen, Fluggesellschaften, die Bahn, der öffentliche Nahverkehr… Sie alle buhlen darum, den Kunden bewegen zu dürfen. Im Gegensatz dazu locken Online-Marktplätze und für sie arbeitende Logistikunternehmen damit, dass man sich eben nicht bewegen muss. „Bestellen Sie doch einfach bequem von Ihrer Terrasse aus." Getrieben und ermöglicht wird das Ganze durch Unternehmen, die sich mit Informations- und Kommunikationstechnologie (IKT) beschäftigen, die die Netzinfrastruktur, die Vernetzung der Angebote und vor allem ihre Veröffentlichung sicherstellen. Fest steht: Egal, ob der Kunde sich selbst bewegt oder am Rechner sitzt, um einzukaufen: Irgendwer oder irgendwas bewegt sich immer.

Das Insight Mobility-Konzept, dargestellt in Abb. 1.1, unterscheidet vier Grundformen von Mobilitätsangeboten aus Kundensicht und reduziert damit die Komplexität des Mobilitätsmarktes auf ein handhabbares Maß.

- Ich fahre: Individualverkehr (IV)
- Ich werde gefahren: öffentlicher Verkehr (ÖV)
- Ich lasse fahren: Logistik (LOG)
- Ich verweile: Informations- und Kommunikationstechnologie (IKT)

Der Konsument kann diese vier Mobilitätsformen in Abhängigkeit von seinem Bedürfnisprofil und der ihm zur Verfügung stehenden Infrastruktur frei kombinieren, wobei insbesondere das Feld Logistik in vielen Fällen ohne das Wissen bzw. die aktive Beeinflussung des Kunden ausgelöst wird. Wichtig ist, und hier unterscheidet sich dieser Ansatz von bisherigen Veröffentlichungen, dass es stets der Kunde ist, der Mobilitätslösungen nachfragt und konfiguriert. Das vorliegende Mobilitätskonzept stellt deshalb explizit den Kunden

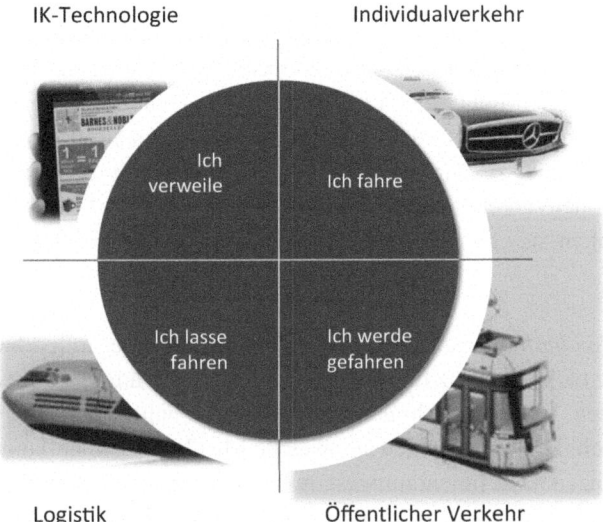

**Abb. 1.1** Das Insight Mobility-Konzept

und seine Bedürfnisstruktur, seine Customer Insights, ins Zentrum aller Über-legungen zu Entwicklungstendenzen und -implikationen im Mobilitätssektor. Unsere Kernthese: Nicht die technologische Überlegenheit eines Mobilitätsangebots ist konstituierend für dessen Erfolg, sondern sein Potential, Kundenbedürfnisse bestmöglich zu befriedigen.

## 1.1   Ich fahre: Individualverkehr (IV)

Der Modus „Ich fahre" wird primär mit dem eigenen Automobil assoziiert. Grundsätzlich umfasst er jedoch jede Art der individuellen Fortbewegung, das heißt auch das Motorrad, das Fahrrad, das E-Bike, den Fußweg und neue Formen der Fahrzeugnutzung, wie Car-sharing.

Kennzeichnend ist dabei der Aspekt der Individualität. Ich kann entscheiden, wann ich mich fortbewege, kann das Fortbewegungsmittel frei wählen und konfigurieren (Marke, Größe, Ausstattung) und kann es exklusiv und ganz für mich allein nutzen. Schließlich impliziert „Ich fahre" auch absolute Kontrolle. Die Vorteile des Modus „Ich bewege mich" bringen jedoch auch Nachteile mit sich. Zu nennen sind insbesondere relativ hohe Kosten individueller Mobilitätslösungen und ihre teilweise schwierige Integrierbarkeit in inter-modale (systemübergreifende) Mobilitätslösungen. Auf die wichtigsten Vor- und Nach-teile wird nachfolgend eingegangen.

*Vorteil Nr. 1: Unabhängigkeit* Individualmobilisten erfreuen sich einer relativ hohen personellen, infrastrukturellen und zeitlichen Unabhängigkeit. Sie müssen ihre Mobilität nicht mit Dritten koordinieren und können die Route sowie etwaige Zwischenstopps frei wählen. Ferner sind sie selbst für das Funktionieren ihrer Mobilitätslösung verantwortlich. Die Ansage „Der Zug verspätet sich aufgrund technischer Probleme" bleibt hier aus.

Der wichtigste Vorteil liegt jedoch in der zeitlichen Unabhängigkeit. Wer auf eine individuelle Lösung zugreift, entscheidet autonom, wann er startet. Zudem profitiert man von einer direkten Punkt-zu-Punkt-Verbindung: Während sich die meisten Angebote des öffentlichen Personenverkehrs auf Verbindungen zwischen stark frequentierten Knotenpunkten beschränken, navigiert der Nutzer des Individualverkehrs in der Regel von Haustür zu Haustür.

*Vorteil Nr. 2: Individualität und Privatsphäre* Der Nutzer einer individuellen Mobilitätslösung kann diese nicht nur ganz für sich allein nutzen, er kann sie auch nach eigenen Vorstellungen gestalten. Viele Autofahrer setzen das eigene Fahrzeug mit ihrem persönlichen Rückzugsort gleich. Hier entscheiden sie, welche Musik läuft, auch können sie ihre individuellen Präferenzen bzgl. Innenraumgestaltung und -ausstattung zum Ausdruck bringen. Ein Trend, der sich mittlerweile auch im Fahrradsegment beobachten lässt, in dem über Fahrradkonfiguratoren Ausstattung und Farbgebung frei gewählt werden können. Dieses Angebot wird insbesondere in der Schweiz sehr gerne genutzt.

*Nachteil Nr. 1: Hohe Kosten* Die Kosten eines eigenen Fahrzeugs auf den Anschaffungspreis und die Betriebskosten (Benzin, Strom) zu reduzieren, greift zu kurz. Vielmehr bedarf es einer Vollkostenrechnung, um die sogenannten Total Costs of Ownership zu erfassen. Sie berücksichtigen neben Versicherungen sowie Service- und Instandhaltungskosten beispielsweise auch die Opportunitätskosten, die dem Fahrer entstehen, weil er die Zeit am Steuer nicht oder nur eingeschränkt anderweitig nutzen kann (das Fahren bindet in so hohem Maße kognitive Ressourcen, dass an Arbeiten nicht zu denken ist) sowie die Tatsache, dass das Fahrzeug nicht regelmäßig und bis an die Kapazitätsgrenze ausgelastet wird (meist steht es ja schließlich in der Garage oder im Fahrradständer).

*Nachteil Nr. 2: Mangelnde Kompatibilität mit anderen Mobilitätsangeboten* Wer Wert auf Individualität legt, differenziert sich automatisch von der Masse. Dieser ursächliche Zusammenhang trifft nicht nur auf zwischenmenschliche Vergleichsprozesse zu, sondern auch auf das Zusammenwirken von individuellen und öffentlichen Verkehrsangeboten.

Bahnhöfe befinden sich meist in Stadtzentren und sind hervorragend an den öffentlichen Nahverkehr angebunden. Das Ansteuern dieser Verkehrsknotenpunkte mit dem eigenen Fahrzeug gestaltet sich hingegen meist schwierig, von der Parkplatzsituation vor Ort ganz zu schweigen. Teillösungen wie Park & Rail, die den Wechsel zwischen individuellen und öffentlichen Mobilitätslösungen in städtischen Randgebieten vorsehen, wirken dieser Problematik entgegen, schränken jedoch die zeitliche und infrastrukturelle Unabhängigkeit stark ein.

## 1.2   Ich werde gefahren: Öffentlicher Personenverkehr (ÖPV)

„Ich werde gefahren" heißt, dass ich mich nicht selbst darum kümmern muss, vom Fleck zu kommen. Ich nehme Platz und lasse mich chauffieren. Die bekanntesten Vertreter des öffentlichen Personenverkehrs sind der Schienenpersonenfernverkehr sowie die stadtspezifischen Angebote des öffentlichen Personennahverkehrs wie Busse, U-, S- und Trambahn, sowie spezielle Verkehrsmittel (Fähren, Zahnrad-Bahnen etc.). Ergänzt wird das Angebot um Chauffeur- und Taxi-Dienste sowie um Langstreckenangebote der Luft- und Schifffahrt.

Das Insight Mobility-Konzept unterscheidet bewusst nicht zwischen Angeboten mit öffentlicher versus privatwirtschaftlicher Trägerschaft. Diese Unterscheidung mag aus betriebswirtschaftlicher Perspektive bedeutsam sein, aus Sicht des Kunden spielt sie hingegen eine nachgelagerte bzw. gar keine Rolle. Wichtig ist nicht, wer den Kunden fährt, sondern dass er gefahren wird. Die Frage ist „Selbermachen oder kaufen?", nicht „Staatlich oder privatwirtschaftlich."

*Vorteil Nr. 1: Kognitive Entlastung und Konservierung von Zeit* Wer andere fahren lässt, braucht weder eine eigene Fahrerlaubnis noch muss er kognitive Kapazitäten aufwenden, um sein Mobilitätsbedürfnis zu befriedigen. Man muss keinerlei Navigations- und Führungsaufgaben übernehmen und kann seine Zeit für anderweitige Tätigkeiten (arbeiten, lesen, nachdenken) nutzen. Aufgrund dieser nicht notwendigen kognitiven Involvierung kann der öffentliche Personenverkehr altersunabhängig und auch in Zuständen eingeschränkter körperlicher Funktionen (Alkoholeinfluss, Krankheit) genutzt werden. In diesem Sinne ist die Nutzung öffentlicher Verkehrsmittel mit einem Zeitgewinn gleichzusetzen, da die reine Fortbewegungszeit für das Erledigen von anderen Tätigkeiten genutzt werden kann.

*Vorteil Nr. 2: Geringere, vollständig kalkulierbare Kosten* Nutzer öffentlicher Mobilitätsangebote sparen nicht nur die Kosten für die Anschaffung und Unterhaltung eines eigenen Fahrzeugs, ihnen entstehen auch keine Kosten für den Erwerb einer Fahrerlaubnis. Darüber hinaus entfallen die Opportunitätskosten, die beim eigenständigen Steuern eines Fahrzeugs zwangsläufig anfallen. Ein weiteres wichtiges Argument für die Nutzung öffentlicher Verkehrsangebote liegt in der besseren Planbarkeit der Kosten.

Während im Individualverkehr jederzeit zusätzlich unvorhergesehene Kosten für Reparaturen anfallen können, sind die Fix-Preise von Tickets, insbesondere von Streckenabonnements, einfacher in der Budgetplanung zu berücksichtigen.

*Nachteil Nr. 1: Zeitliche und infrastrukturelle Abhängigkeit* Wer öffentliche Mobilitätsangebote nutzt, muss den Regeln des jeweiligen Anbieters folgen. In zeitlicher Hinsicht bedeutet dies die Anpassung an vorgegebene Abfahrts-, Ankunfts-, Halte- und Pausenzeiten. Aus infrastruktureller Perspektive sind Zugeständnisse im Hinblick auf die Streckenführung und die faktisch eingesetzten Verkehrsmittel nötig. Entscheidend für die Wahl des einzusetzenden Verkehrsmittels sind nicht nur Kundenbedürfnisse, sondern auch technische und ökologische Gesichtspunkte sowie die Transportkapazität und Wirtschaftlichkeit. Systemanforderungen werden hier im Zweifel höher gewichtet als die Bedürfnisse des einzelnen Fahrgastes.

*Nachteil Nr. 2: Keine Individualisierbarkeit* Öffentliche Verkehrsmittel sind für jeden nutzbar und können deshalb nur bedingt Zugeständnisse an individuelle Präferenzen machen. Die Fahrzeuggestaltung muss funktional sein und übergeordneten Richtlinien genügen (technologische Normen und Vorgaben, Designrichtlinien, Vorgaben der öffentlichen Hand, etc.). Geringfügige Differenzierungsmöglichkeiten bestehen, wo Transportklassen angeboten werden (First, Business, Economy) oder mehrere Anbieter mit unterschiedlichen Geschäftsmodellen und/oder Positionierungsansätzen aktiv sind (Premium- vs. Low Cost-Fluggesellschaft).

## 1.3   Ich lasse fahren: Logistik (LOG)

Während die Modi „Ich fahre" und „Ich werde gefahren" ein aktives Zugehen des Nutzers auf ein bestimmtes Ziel implizieren, verharrt der Nutzer im Modus „Ich lasse fahren" an Ort und Stelle, während sich Güter und Warenströme auf ihn zubewegen. Mit dem ungebremsten Wachstum des E-Commerce gewinnt dieses Mobilitätselement stetig an Bedeutung für die Endverbraucher (HDE 2012).

So hat der Online-Versandhändler Zalando im ersten Halbjahr 2013 einen Umsatz von 809 Mio. € gemacht und damit seinen Vorjahresumsatz innerhalb von sechs Monaten um 72 % gesteigert (Quelle: Morgenpost). Neben dem Internet tragen aber auch traditionelle Versandhändler wie die Otto Group zur wachsenden Bedeutung des Modus „Ich lasse fahren" bei. Vor- und Nachteile für den Kunden sind:

*Vorteil Nr. 1: Zeitersparnis und Entlastung der Infrastruktur* Wer andere für sich fahren lässt, muss sich selbst nicht bewegen und spart somit Zeit. Der Weg zum nächsten Elektronikmarkt entfällt, wenn man den benötigten USB-Stick bei einem Online-Händler bestellt und liefern lässt. Dieses Vorgehen spart jedoch nicht nur individuelle Zeit, es entlastet auch die Verkehrsinfrastruktur, indem Warenströme gebündelt und nicht länger durch Individualverkehre organisiert werden (ein LKW beliefert viele Haushalte und reduziert damit den Individualverkehr).

*Vorteil Nr. 2: Eigenständigkeit im hohen Alter* Mit Blick auf die demographische Entwicklung eröffnen Logistikkonzepte speziell der älteren Generation neue Wege, länger die eigene Selbstständigkeit aufrecht zu erhalten und somit ihre Unabhängigkeit zu wahren.

*Nachteil Nr. 1: Logistikverkehre binden Infrastrukturkapazitäten* Wer viel bestellt, muss damit leben, dass das Güterverkehrsaufkommen auf Straßen und Schienen zunimmt.

Die Folge: LKW an LKW auf der rechten Spur, eingeschränkter Personenzugverkehr in bestimmten Zeitintervallen. In der Zeitreihenbetrachtung wird ersichtlich, dass die Transportleistung in Deutschland annähernd linear ansteigt. Wurden 1997 noch ca. 300 Mrd. Transportkilometer pro Jahr zurückgelegt, werden für das Jahr 2015 480 Mrd. km prognostiziert (BGL 2011). Kilometer, die zulasten des Individual- und des Öffentlichen Personenverkehrs gehen.

*Nachteil Nr. 2: Der persönliche Warenempfang ist meist unerlässlich*  Paket- und Lebensmittellieferungen müssen aktuell meist noch persönlich entgegengenommen werden. Dieses Warten auf den Zusteller mindert Teile des Zeitgewinns, den man durch das Verweilen im Rahmen der Bestellung erwirtschaftet hat. Die Vordefinition von Zeitintervallen für die Zustellung mindert den Zeitverlust zwar, eliminieren lässt er sich dadurch jedoch nicht. Neben den Kosten für die Zustellung entstehen also auch hier Opportunitätskosten in Form von Wartezeit.

## 1.4   Ich verweile: Informations- und Kommunikationstechnologie (IKT)

Das vierte Element des Mobilitätssystems bildet das Produkt- und Leistungsportfolio der Informations- und Kommunikationstechnologie (IKT). Generell vermittelt der Modus „Ich verweile" Stillstand – jedoch nicht nur des Nutzers, sondern auch von Gütern. Dies ist die markanteste Abgrenzung von den bereits vorgestellten Modi, bei welchen sich im Sinne des Push- und Pull-Prinzips immer eine Person, oder ein Frachtgut bewegt. Das konstituierende Alleinstellungsmerkmal der IKT ist die Positionsunabhängigkeit, das heißt räumliche und zeitliche Unabhängigkeit. Folgende Vor- und Nachteile werden aus Kundensicht mit IK-Technologie verbunden.

*Vorteil Nr. 1: Zeiteffizienz*  IK-Technologien, die beispielsweise den Betrieb mobiler Endgeräte ermöglichen, erlauben es dem Nutzer jederzeit und allerorts zu arbeiten. Hieraus ergeben sich eine hohe zeitliche Flexibilität und die Möglichkeit, individuell vordefinierte Zeitfenster effizient zu nutzen. Es ist möglich, mehrere Interaktionspartner ortsunabhängig miteinander zu verbinden, was Redundanzen in der Kommunikation vermeidet.

IKT auf den Aspekt Kommunikation zu reduzieren, greift jedoch zu kurz. Vielmehr sind es auch IK-Technologien, die bspw. das Abwickeln von Bank-Transaktionen ermöglichen und den Individualverkehrsfluss durch IKT-gestützte Navigationssysteme optimieren (bspw. durch eine dynamische Routenwahl).

*Vorteil Nr. 2: Convenience/Komfort*  Sogenannte Cloud-Lösungen, wie bspw. Dropbox, erlauben es dem Nutzer, weltweit und zu jeder Zeit auf digitale Daten zuzugreifen. Das Versenden und Mitführen von Akten wird obsolet, ebenso lokale Festplatten und Speichermedien.

Grundsätzlich ist es über die ortsunabhängige Datenbereitstellung sogar möglich, auf ein mobiles Endgerät komplett zu verzichten, da man sich an jedem Endgerät einloggen und das persönliche Nutzerprofil aufrufen kann.

Im beruflichen Kontext ermöglichen ähnliche Systeme die problemlose Arbeit im Home-Office. Das wachsende Angebot an maßgeschneiderten Apps ermöglicht zudem die weitestgehend friktionslose Nutzung von Sharing-basierten Transportmitteln des privaten und öffentlichen Personenverkehrs. Exemplarisch seien hier Drivenow, Flinc oder DBTickets angeführt.

*Nachteil Nr. 1: Datenschutz und Privacy* Die „Überall-Erhältlichkeit" von Daten setzt voraus, dass diese zentral gespeichert und über ein Netzwerk zur Verfügung gestellt werden. Dies erfordert das Vertrauen in den jeweiligen Anbieter, dass dieser mit den zur Verfügung gestellten Daten im Sinne ihrer „Besitzer" umgeht. Hier überwiegen vielerorts Bedenken, da Nutzer nicht zuletzt aufgrund der kontrovers geführten öffentlichen Diskussion zu den Themen Datenschutz und Daten(weiter −)verarbeitung kein klares Verständnis von Chancen und Grenzen des digitalen Marktes haben.

*Nachteil Nr. 2: Digital bleibt digital* „In der digitalen Welt sind wir gemeinsam einsam." Diese Aussage eines Schweizer Kommunikationsexperten zeigt sehr plakativ das Dilemma, in das uns Facebook und Co treiben. IKT-Angebote können Prozesse vereinfachen und Kommunikationswege verkürzen, den physischen Austausch ersetzen sie jedoch nicht. IKT versteht sich deshalb auch nicht als Substitut zwischenmenschlicher Interaktionen und Transaktionen, sondern als Enabler (Befähiger), der die Organisation physischer Mobilität erleichtert (Navigationssysteme, Doodle-Planung) und beschleunigt (E-Mail, Dropbox).

## Literatur

BGL. (2011). BGL-Jahresbericht 2010/2011, Erhebungen durch BGL, BMVBS, BVU, ITP, Prog-Trans und Statistisches Bundesamt.
HDE. (2012). E-Commerce-Umsatz 1999 bis 2012.

# Der Homo Mobilicus  2

## 2.1 Grundidee

Der Mensch ist ein Nutzen-Maximierer, ein Homo Oeconomicus. Hat er die Wahl zwischen verschiedenen Alternativen, bringt er diese in eine Rangordnung und wählt am Ende diejenige, die seine Bedürfnisse bestmöglich erfüllt.

In der Wirtschaftswissenschaft und der Spieltheorie wird davon ausgegangen, dass der Mensch stets rational und systematisch entscheidet. Demgegenüber legen Forschungsarbeiten im Bereich Marketing, bspw. zu Markenpräferenzen, den Schluss nahe, dass das Herz und der Bauch die Entscheidungsfindung durchaus beeinflussen. Richtig und zentral ist jedoch, dass Entscheidungen stets zur maximalen Befriedigung der eigenen Bedürfnisse und im Sinne einer Verbesserung der eigenen Situation gefällt werden. Als Entscheidungskriterien dienen jedoch nicht nur objektiv nachvollziehbare Größen wie Zeit- und Kostenersparnis, sondern auch emotional geprägte Faktoren wie das Selbst- und das Fremdbild des Kunden oder das kulturell geprägte und manifestierte Einstellungsmuster.

Was bedeutet das nun für das Mobilitätsverhalten? Existiert ein Homo Mobilicus, ein Mensch also, dessen Mobilitätsverhalten sich rein rational anhand konstituierender, objektiv nachvollziehbarer Entscheidungsparameter erklären lässt? Wir denken, dass es ihn nicht gibt. Dennoch wollen wir an dieser Stelle das theoretische Exempel wagen und das Bild eines Homo Mobilicus zeichnen. Dieses Bild wird dem Leser im weiteren Verlauf dieses Buches immer wieder begegnen, um Irrationalitäten im Entscheidungsverhalten herauszuarbeiten und das Bild des Homo Mobilicus auf diese Weise systematisch um emotionale Entscheidungsparameter zu ergänzen.

Ein rein betriebswirtschaftliches Denken vorausgesetzt, ist eine rationale Entscheidung das Ergebnis des Abwägens zwischen Aufwand und Ertrag im Rahmen der Erreichung eines bestimmten Ziels. Der Ertrag wird an dieser Stelle der Einfachheit halber zunächst einmal ausgeblendet, indem er für jeden Entscheider standardisiert als das Erfüllen seines

© Springer Fachmedien Wiesbaden 2015
S. Henkel et al., *Mobilität aus Kundensicht*, DOI 10.1007/978-3-658-08075-4_2

| Kontext | Differenzierung | | Optimales Mobilitätssystem |
|---|---|---|---|
| Beruflich | **Standardisierter Pendelweg** | | ÖV |
| | **Aussendienst** | | IV |
| Privat | **Freizeit** | *Nahräumlich* | IV |
| | | *Distant* | ÖV |
| | **Grundversorgung** | *Personenbezogen* | IV & IKT |
| | | *Güterbezogen* | LOG & IKT |

**Abb. 2.1**  Entscheidungsmuster des Homo Mobilicus

spezifischen Mobilitätsbedürfnisses (Ich bin von A nach B gekommen; Ich habe meine Waren erhalten; Ich habe meine Transaktion vollzogen) definiert wird.

Bleibt die Frage, anhand welcher Faktoren der Homo Mobilicus seinen Aufwand festmacht? Definiert man Aufwand als das, was er einsetzen muss, um sein Mobilitätsziel zu erreichen, dann wird seine Aufwandsschätzung auf einer Analyse bestehender Mobilitätshemmnisse und deren Überwindbarkeit basieren. Welche Restriktionen finde ich in meinem persönlichen Setting vor (knappe zeitliche, finanzielle, kognitive Ressourcen); welche ergeben sich aus meinem infrastrukturellen Umfeld (Zugang zur öffentlichen und privaten Verkehrsinfrastruktur)?

Zudem gilt es den mit der Mobilität verbundenen Zweck zu berücksichtigen, womit sich Abb. 2.1 befasst: Es lassen sich private und berufliche Mobilitätsbedürfnisse unterteilen. Berufsbedingte Mobilität lässt sich weiter in regelmäßige (Pendeln) und unregelmäßige (Außendienst) Bewegungen kategorisieren. Private Mobilitätsbedürfnisse gliedern sich in die Themenblöcke Freizeit und Grundversorgung (Feldman und Hornik 1981). Freizeit ist überdies in nahräumliche (das Ausüben von Hobbies) und distante Freizeit (Urlaube) zu unterteilen. Weiterhin kann die personenbezogene von der güterbezogenen Grundversorgung unterschieden werden. Dabei ist hinsichtlich der personenbezogenen Grundversorgung der Arztbesuch oder auch der Weg ins Fitnessstudio vorstellbar, wohingegen die güterbezogene Grundversorgung den wöchentlichen Spaziergang über den Markt oder die Fahrt zum nahegelegenen Supermarkt umfasst.

## 2.2 Zum angenommenen Entscheidungsverhalten des Homo Mobilicus

**Entscheidungsstufe 1** Rationales Entscheidungsverhalten vorausgesetzt, müsste der Homo Mobilicus aufgrund von Aufwand-Ertrag-Überlegungen sein infrastrukturelles Umfeld stets so wählen, dass es ihn bei der Befriedigung seines individuellen Mobilitätsbedürfnisses optimal unterstützt und seinen individuellen Ressourcenaufwand minimiert.

Wäre hierzu ein Wohnortwechsel nötig, würde ihn der Homo Mobilicus vornehmen, da der einmalige Aufwand des Wohnortwechsels schnell durch einen reduzierten Alltagsaufwand überkompensiert wird. Die Reduktion der Distanz zur Infrastruktur verspricht maximalen Ertrag bei überschaubarem Aufwand und würde vorgenommen.

**Entscheidungsstufe 2** Bei einzusetzenden Ressourcen nimmt der Homo Mobilicus eine Rangreihung vor. Am wichtigsten sollte dabei gemäß Literaturanalyse der Faktor Zeit sein, denn „…Time is not as readily exchangeable; it is perishable and despite some ability for postponement cannot be inventoried easily for later use" (Okada und Hoch 2004). Zeit ist eine Ressource, die sich weder lagern noch konservieren lässt; man kann sie lediglich mit maximaler Zweckdienlichkeit konsumieren. Zeit kann nur abgeschöpft, nicht jedoch regeneriert werden. Das unterscheidet sie von kognitiven und monetären Ressourcen. Geld gilt als zweitwichtigstes Entscheidungskriterium. Ausschlaggebend hierfür ist, dass sich monetäre im Gegensatz zu kognitiven Ressourcen nach Verwendung nicht automatisch regenerieren. Somit sind die Finanzmittel im Hinblick auf die Mobilität die restriktivere Ressource und somit gewichtiger als kognitive Ressourcen. Dem kognitiven Aufwand kommt die geringste Gewichtung zu, wenngleich es falsch wäre, diese Ressource als unwichtig zu deklarieren. Zur Verdeutlichung der Relevanz kognitiver Ressourcen im Mobilitätskontext sei der Sekundenschlaf beim Autofahren angeführt. In Anlehnung an die Konzeption des Homo Oeconomicus ist davon auszugehen, dass der Homo Mobilicus danach strebt, sein Mobilitätsziel mit minimalem Ressourceneinsatz zu erreichen. Logisch wäre deshalb die Anpassung des Wohnorts an die Mobilitätsbedürfnisse.

**Entscheidungsstufe 3** Wenn Zeit das wichtigste Entscheidungskriterium für den Homo Mobilicus ist und er diesem Aspekt alle anderen entscheidungsrelevanten Faktoren unterordnet, dann lässt sich aus diesem Präferenzprofil theoretisch eine optimale Lösung für private und berufliche Mobilitätsbedürfnisse ableiten: Für den regelmäßigen Berufsweg ist der Öffentliche Verkehr das Mobilitätsvehikel der Wahl, weil es Zeitverluste durch Staus und Parkplatzsuche ausschließt (Priorität 1), sich die Kosten sich kontrollieren lassen (Priorität 2) und weil sich die Reisezeit für andere Tätigkeiten nutzen lässt (Priorität 3). Die Ausnahme bildet die Außendiensttätigkeit, da sie ein höheres Maß an Flexibilität erfordert. Zur Erfüllung des privaten Mobilitätsbedürfnisses kommen alle Mobilitätsformen in Frage, wobei dem Individualverkehr und der IK-Technologie eine besondere Bedeutung zukommt.

Der Individualverkehr ist für die Ausführung von Hobbies und zur Sicherstellung der Grundversorgung das Instrument der Wahl, da hier eine hohe zeitliche und räumliche Flexibilität gewährleistet sein muss. Für Reisen empfiehlt sich hingegen der Öffentliche Verkehr. IK-Technologien dienen schließlich insbesondere der personen- und güterbezogenen Grundversorgung, da sich mit ihnen Zeitgewinne realisieren lassen.

Nachfolgend werden diverse Statistiken zu Mobilitätsangeboten und -phänomenen vorgestellt und vor dem Hintergrund der Überlegungen zum Homo Mobilicus diskutiert. Angestrebt wird eine kontroverse Diskussion, die nicht den Anspruch hat, zu DEM richtigen oder falschen Ergebnis zu führen. Vielmehr geht es darum, den Facettenreichtum entscheidungsbeeinflussender Größen herauszuarbeiten, um Mobilitätsentscheidungen besser zu verstehen.

## Literatur

Feldman, L. P., & Hornik, J. (1981). The use of time: An integrated framework. *Journal of Consumer Research, 7,* 407–419.

Okada, E. M., & Hoch, S. J. (2004). Spending time vs. spending money. *Journal of Consumer Research, 31,* 313–323.

# Mobilität in Zahlen – Wo findet Mobilität tatsächlich statt?

3

Die in Kap. 2 vorgestellten Handlungsmaximen des Homo Mobilicus zeigen, dass dessen Welt durch rationale Entscheidungen geprägt ist. Nutzenoptimierung setzt er mit der Minimierung seines zeitlichen, monetären und kognitiven Aufwands bei der Erreichung seines Mobilitätsziels gleich. Es ist deshalb zum Beispiel davon auszugehen, dass er im Falle eines regelmäßig anfallenden Arbeitswegs auf öffentliche Verkehrsmittel zugreifen würde. Das gleiche gilt für Urlaubsreisen.

Soviel zur Theorie. Die tatsächlichen Nutzungsraten zeichnen jedoch ein anderes Bild: In der Schweiz nutzt jeder zweite Pendler für die Fahrt zur Arbeit das eigene Auto (Schweizer Bundesamt für Statistik 2012), in Deutschland fahren sogar zwei Drittel der Pendler mit dem Auto (Statistisches Bundesamt 2012) – trotz zunehmender Verkehrsdichte und steigender Kraftstoffkosten. Zudem sind 90 % der Pendler allein unterwegs (Tagesanzeiger 2013), obwohl eine bessere Auslastung der Fahrzeuge ökonomisch und ökologisch Sinn machen würde. Auch für den Urlaub bleibt das Auto das beliebteste Transportmittel der Deutschen (Statistisches Bundesamt 2013) – und das trotz eines wachsenden Angebots an Billigflügen und Mietwagenstationen in jeder größeren Urlaubsdestination.

Verhalten sich diese Nutzer nun sämtlich irrational oder ist die Annahme des Homo Mobilicus unrealistisch? Dieses Kapitel zeichnet anhand einer Vielzahl von Statistiken ein Bild des tatsächlichen Mobilitätsverhaltens in Deutschland. Es wird gezeigt, wo und in welchem Umfang Mobilität in den Ausprägungen „Ich fahre", „Ich werde gefahren", „Ich lasse fahren" und „Ich verweile" stattfindet. Den nackten Zahlen werden anschließend jeweils Erkenntnisse aus 24 Tiefeninterviews mit Vielreisenden und Experten aus dem Mobilitätsumfeld gegenübergestellt, um 1) auf mögliche Fehlinterpretationen hinzuweisen, die sich aus einer rein statistischen Betrachtung des Mobilitätsmarktes ergeben können, und um 2) Erklärungsversuche für Verhaltensmuster zu liefern, die im Widerspruch zu den Annahmen des Homo Mobilicus stehen.

© Springer Fachmedien Wiesbaden 2015
S. Henkel et al., *Mobilität aus Kundensicht,* DOI 10.1007/978-3-658-08075-4_3

Als Vehikel einer konsequent kundenorientierten Argumentation dient das Konzept „Customer Insight", das wir in Anlehnung an Prof. Dr. Hans-Willi Schroiff wie folgt definieren:

▶  Ein Consumer Insight ist ein „frischer" oder „unerwarteter" Einblick in die Bedürfnisse, Wünsche, Probleme, Nöte, Verhaltensweisen etc. von Kunden, der dazu führt, dass der Kunde sagt: „Now you've finally got it! Now you really understand me!"

Customer Insights beschreiben Sehnsüchte, Wünsche und Ängste des Kunden, die ihn zum Kauf von Leistungen veranlassen. In vielen Fällen sind ihm diese Beweggründe gar nicht bewusst, oder aber er verdrängt sie, weil die Konfrontation mit der Innensicht durchaus unangenehm sein kann: Wer gibt bspw. schon gerne zu, dass ihm Umweltfreundlichkeit zwar wichtig ist, er aber aktuell keine Zahlungsbereitschaft für grüne Produkte hat? „The heart *has reasons* that *reason does not* understand", sagte der französische Bischof und Autor *Jacques Benigne Bossuet (1627–1704)*. Dieser Prämisse folgend konzentrieren wir uns im Rahmen unserer Ursachenforschung auf das Bauchgefühl, das kontraintuitive Entscheidungen bedingt haben könnte.

Beispiel: Die atemberaubende Entwicklung der Verkaufszahlen von Smartphones, von Apps und von Datenpaketen lässt den Schluss zu, dass Connectivity, sprich die ständige Verbundenheit mit der Umwelt, dieser Tage zu den Kernbedürfnissen des Kunden zählt. Die Folge: Die Anbieter von Mobilitätslösungen, wie zum Beispiel Fluggesellschaften, überschlagen sich in ihren Ambitionen, das Internet an Bord zu bringen und jederzeit nutzbar zu machen. Eine Entwicklung, die nicht ganz unkritisch ist, wenn man unseren Experteninterviews folgt. Der international anerkannte Dirigent Kent Nagano gibt an, dass er das Fliegen gerade dafür liebt, nicht erreichbar zu sein. Für ihn ist Fliegen eine Rückzugsmöglichkeit, eine Chance, sich ungestört mit Dingen auseinanderzusetzen. Ähnlich äußern sich viele Interviewpartner, die im Berufsalltag viel Verantwortung tragen und für die Kommunikation zentraler Punkt ihrer Tätigkeit ist. Sie nutzen die Flugzeit, um über wichtige strategische Entscheidungen nachzudenken. Erreichbarkeit kommt da eher ungelegen.

Es zeigt sich, dass das zuvor entworfene Bild des Homo Mobilicus in diesem Fall der Anwendung auf die Praxis nur bedingt Stand hält. Richtig ist, dass Entscheider die Flugzeit als Zeitfenster für die Bearbeitung wichtiger Fragen nutzen (Priorisierung des Zeitaspekts und der kognitiven Entlastung), es zeigt sich aber auch, dass es dem Kunden nicht nur um die Minimierung der Reisezeit geht, sondern auch um die effektive Nutzung der Reisezeit. Somit könnte eine zusätzliche Warteschleife vor der Landung sogar positive Wirkung haben.

Mit diesem und ähnlichen Phänomenen setzt sich dieses Buch im weiteren Verlauf auseinander. Es gibt Denkanstöße und zeigt neue Perspektiven für die Interpretation bestehender Informationen auf.

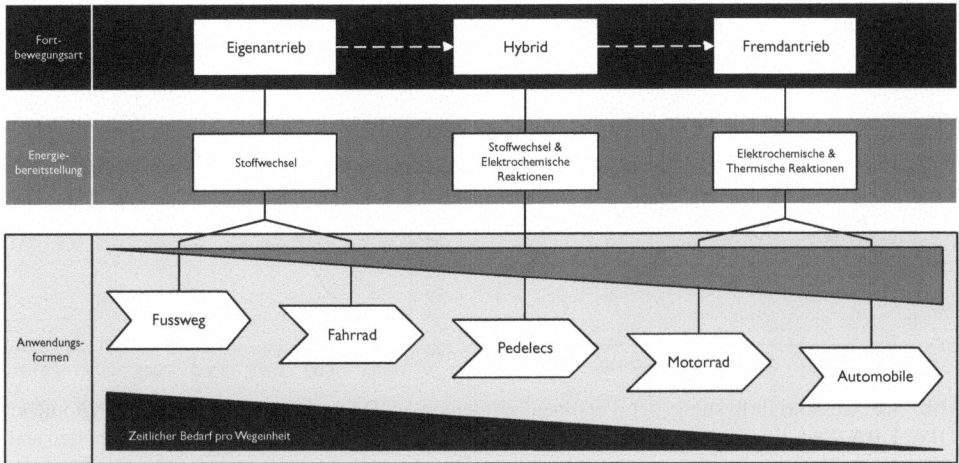

**Abb. 3.1** Fortbewegungsmittel der individuellen Mobilität

## 3.1 Entscheidungsalternativen im Individualverkehr

Der Individualverkehr umfasst alle Mobilitätsformen, die selbstbestimmt ausgeführt werden können ("Ich fahre"). Das meist diskutierte Fortbewegungsmittel des Individualverkehrs ist das Auto, in der jüngeren Zeit rücken aber auch das Fahrrad und das E-Bike verstärkt in den Fokus des öffentlichen Interesses. Weiterhin gilt es, den Fußweg und das Motorrad als häufig genutzte Fortbewegungsmöglichkeiten zu berücksichtigen. Die wesentlichen Formen der individuellen Mobilität sind in Abb. 3.1 dargestellt.

Dass der Individualverkehr von sehr großer gesellschaftlicher Bedeutung ist, zeigt sich nicht zuletzt im hohen Innovationsaufkommen in diesem Bereich.

Carsharing erfreut sich zum Beispiel einer immer größeren Beliebtheit. Dabei gibt es sowohl Angebote, die die abwechselnde Nutzung eines Fahrzeugs vorsehen (z. B. DriveNow von BMW) als auch Lösungen, die auf eine bessere Auslastung der einzelnen Fahrzeuge zielen (z. B. Mitfahrgelegenheit.de). Auch werden immer mehr E-Bikes verkauft. Die folgenden Seiten geben einen Überblick über die relevanten Entwicklungen im Individualverkehr.

### 3.1.1 Das Auto

Das Auto ist der dominierende Verkehrsträger im Individualverkehr. Es trägt über 80 % zur Verkehrsleistung des gesamten motorisierten Verkehrs bei (Statistisches Bundesamt 2013). Trotz steigender Treibstoffkosten wächst der Bestand an Fahrzeugen in Deutschland kontinuierlich an, ebenso entwickeln sich die gefahrenen Kilometer stetig nach oben

Fahrleistung in Milliarden Kilometer        Bestand in Millionen PKW

 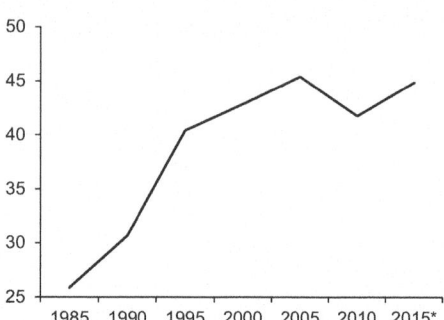

**Abb. 3.2** Gesamtfahrleistung der Personenkraftwagen in Deutschland in Milliarden Kilometer (DIW, KBA, Stat. Bundesamt 2012). Entwicklung des Fahrzeugbestands in Millionen Einheiten seit 1985. (KBA 2012)

(siehe Abb. 3.2). Einbrüche gab es lediglich in zwischen 2008 und 2009 als direkte Folge der Finanzkrise. Diese sind inzwischen nivelliert.

Hier bestätigt sich das Bauchgefühl des Mobilitätsforschers: Steigende Spritkosten allein bilden offenbar nach wie vor keinen Anreiz, das Auto durch ein anderes Verkehrsmittel zu ersetzen (siehe Abb. 3.3). Einhergehend mit dieser Vermutung äußert sich Martin Wetzel, langjähriger Marketingleiter beim Schweizerischen Aufzughersteller Schindler:

> Es ist (…) nicht genügend Leidensdruck da, um eine Denk- und Verhaltensänderung herbeizuführen. Den Verkehr über steigende Spritkosten (…) einzudämmen, funktioniert nicht.
> *M. Wetzel:* CEO Sweetspot AG, ehem. Leiter Marketing Schindler

Spritkosten in € pro Monat                  Anteil Neuwagenzulassungen

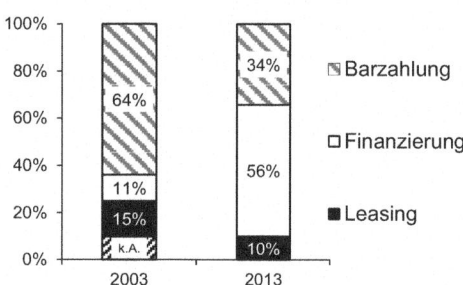

**Abb. 3.3** Entwicklung der durchschnittlichen Kraftstoffkosten in deutschen Haushalten von 1990 bis 2011 (BMWi 2012). Entwicklung der Zahlungsart von privaten PKW von 2003 auf 2013. (Aral 2013)

Führerscheinanteil der 18-20 Jährigen        Prozent Haushalte mit Führerschein- und Autobesitz

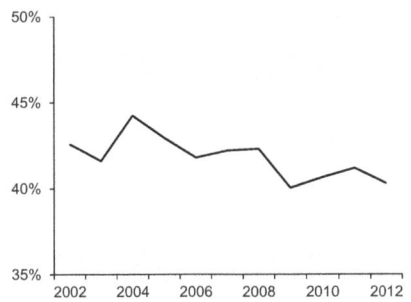
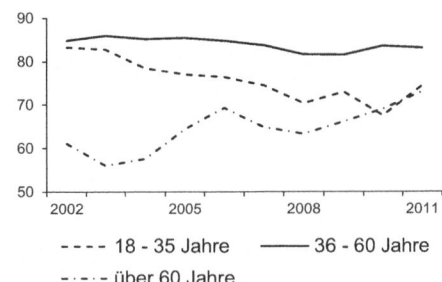

**Abb. 3.4**  Entwicklung des Anteils der Jugendlichen im Alter von 18–20 Jahren mit erteilter Fahrerlaubnis B von 2002 bis 2012 (KBA 2013; Stat. Bundesamt 2013). Entwicklung der Verfügbarkeit von Führerscheinen und Automobilen in Personenhaushalten nach Altersgruppen von 2002 bis 2011. (Mobilitätspanel Deutschland 2012)

Aus konsumentenpsychologischer Sicht wird es interessant, wenn man sich die Beweggründe der Autonutzung anschaut. Als wichtigstes Motiv für das Festhalten am Auto nennen unsere Gesprächspartner nicht zeitliche Flexibilität und Statusdenken, sondern die mit der Autonutzung verbundene Privatsphäre: Man ist für sich und bei sich. Diese Nennung kommt häufiger als der Aspekt der Individualisierbarkeit des Fahrzeugs – ein Motiv, dem man aus Sicht der Marketingforschung aufgrund des statistisch belegten Individualisierungstrends einen höheren Stellenwert beigemessen hätte.

> Das Auto brauche ich jeden Tag, und es ist mir sehr wichtig. Ich nutze die Zeit beim Fahren, um ungestört mit meinen Mitarbeitern zu telefonieren.
> *C. Coppetti:* CEO On AG

Seit einigen Jahren zeichnet sich jedoch ein Wandel in Bezug auf das Bedürfnis junger Fahrer ab, ein eigenes Auto zu besitzen (siehe Abb. 3.4). Das eigene Auto hat nicht nur seine Bedeutung als Statussymbol nahezu eingebüßt, es wird auch als Investitionsobjekt kritisch gesehen. Viele jüngere Interviewpartner geben an, das Geld lieber in Bildung zu investieren. Auch ist man der Ansicht, dass Investitionen in Smartphones und andere mobile Endgeräte in höherem Maße zur Befriedigung des Mobilitätsbedürfnisses beitragen.

> Heute trifft man sich bei Facebook. Ein eigenes Auto ist dann nicht mehr so wichtig.
> *G. Burger:* Leiter Straßenverkehrs- und Schifffahrtsamt St. Gallen

Tatsächlich ist der Neuwagenkäufer im Schnitt 52 Jahre alt (Center Automotive Research an der Universität Duisburg-Essen), während in der Altersspanne zwischen 25 bis 30 Jahren nur noch jeder fünfte ein eigenes Auto besitzt. Diese Tendenz spiegelt sich auch in den sinkenden Führerscheinzahlen wider. Die Zahl der Menschen, die in Deutschland einen Führerschein machen, ist seit Jahren rückläufig. Mittlerweile besitzen nur noch rund 70 % der über 18-jährigen einen Führerschein (Manager Magazin 2013).

Durchschnittsmotorisierung in kW         $CO_2$ Emission Verkehr

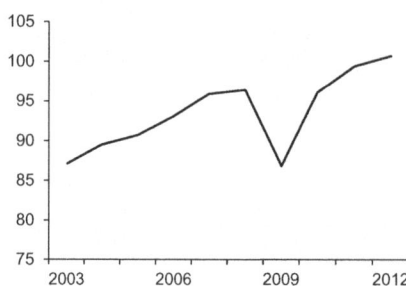
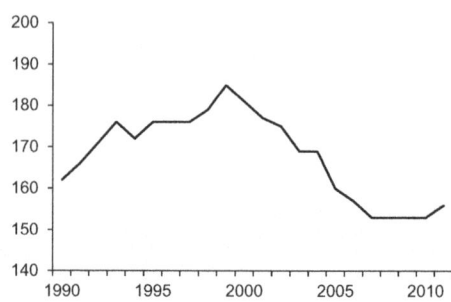

**Abb. 3.5** Entwicklung der durchschnittlichen Motorleistung von 2002 bis 2011 (KBA 2013). Entwicklung der energiebedingten $CO_2$ Emissionen im Verkehr (BMWi 2013). Davon etwa zwei Drittel durch Individualverkehr. (BMU 2012)

Dass der Anteil des Autos am gesamten Verkehrsaufkommen dennoch wächst, bzw. auf hohem Niveau stagniert, ist vor allem auf die sehr mobile und noch stärker im konventionellen Mobilitätsverständnis verhafteten Generation 60+ zurückzuführen. Dank medizinischer Möglichkeiten ist sie bis ins hohe Alter fit und legt ein hohes Mobilitätsbedürfnis an den Tag. Für die sogenannte Silver Generation sind Unabhängigkeit und Selbstbestimmung traditionell eng mit der Fähigkeit verknüpft, Auto zu fahren. Aufgrund der demographischen Entwicklung nimmt der Anteil der Führerschein- und Autobesitzer in diesem Segment deshalb deutlich zu.

Den Jugendlichen erscheint die Fähigkeit, Auto fahren zu können hingegen nicht mehr notwendig, um am sozialen Leben teilzunehmen oder ihre soziale Stellung zu manifesteren. Vielen Berufsanfängern ist eine zusätzliche Urlaubswoche heute bereits lieber als der Firmenwagen.

Von rückläufiger Bedeutung in der Diskussion der Für und Wider der Automobilnutzung ist hingegen das Umweltargument. Galt lange Zeit die mangelnde Umweltverträglichkeit des Pkws als wichtiges Anti-Auto-Argument, zieht die Grün-Thematik heute immer weniger. Als Gründe hierfür werden die verbesserten Emissionswerte neuerer Autos angeführt, aber auch eine gewisse Grün-Verdrossenheit, die viele Interviewpartner auf die übermäßige und nicht immer sachgemäße mediale Behandlung des Themas zurückführen. Auch statistisch sind diese Fakten längst untermauert, wie Abb. 3.5 eindrucksvoll zeigt.

Wir stellen fest, dass das Umweltargument langsam davonschwimmt, da der Schadstoffausstoß im Individualverkehr sehr stark reduziert werden konnte.
*D. Landolf:* Leiter Postauto Schweiz AG

**Customer Insight Automobil**

- Die Zeiten des Statussymbols sind vorbei: Das Auto ist nicht mehr das zentrale Element, um Zugang zum sozialen Leben zu erhalten und sich gegenüber anderen zu profilieren.
- Selbst fahren, aber bitte nur, wenn's Spaß macht: Das Auto muss zukünftig mehr Möglichkeiten zur kognitiven Entlastung bieten. Car-IT (bspw. Fahrerassistenz) ist kein Selbstzweck, sondern ein Befähiger einer situativ bedarfsgerechten Nutzung. Dabei gilt: Einfachheit zählt. Zu komplexe Lösungen belasten, anstatt zu entlasten.
- Interieur schlägt Exterieur: Die Individualisierbarkeit der Ausstattung stärkt die Beziehung zum Auto.
- Ausstattung und insbesondere einfach nutzbare IKT-Anwendungen sind zukünftig wichtiger als Leistung und Größe des Fahrzeugs.
- Grün ja, erhobener Zeigefinger nein. Umweltfreundlichkeit ist ein Hygienefaktor, nicht jedoch ein emotional kaufentscheidendes Element. Flexibilität macht den Unterschied: Die Möglichkeit zu entscheiden, wann man auf welcher Route wohin gelangt, ist nach wie vor das wichtigste Kaufargument für das Auto.

### 3.1.2 Das Elektroauto

Als Reaktion auf die Umweltdiskussion in Politik und Gesellschaft, haben viele Hersteller in den vergangenen Jahren diverse Fahrzeugtypen mit alternativen Antriebsformen auf den Markt gebracht. Neben emissionsärmeren konventionellen Verbrennungsmotoren stehen Erdgas-, oder Flüssiggasvarianten sowie Hybrid- und Plug-In-Hybrid-Modelle zur Verfügung. Weiterhin sind Elektroautos auf dem Vormarsch – eine Mobilitätsform, von der sich die Industrie einen positiven Wandel verspricht.

Jedoch bleiben alle alternativen Antriebsformen noch hinter den gesetzten Erwartungen zurück. Einzig Erdgasantriebe haben in den letzten Jahren einen spürbaren Auftrieb erfahren. Bei allen anderen Antriebsformen erscheint hingegen das mediale Interesse größer, als das faktische Interesse im Markt zu sein, wie auch Abb. 3.6 eindeutig untermauert.

Bei unseren Interviewpartnern stoßen Elektrofahrzeuge in ihrer heutigen Form allerdings noch auf breite Skepsis. Zwar begeistert die Idee des elektrischen Antriebs grundsätzlich, aber die Handhabung und die hohen Anschaffungskosten hindern viele daran, sich ein Elektrofahrzeug zu kaufen bzw. intensiv über den Kauf eines solchen nachzudenken.

Ich sehe hier Potential, aber es wird nur zum Tragen kommen, wenn die Preise massiv sinken. *G. Burger:* Leiter Straßenverkehr- und Schifffahrtsamt St. Gallen

Zudem wird die Energiebilanz bei der Herstellung von Elektrofahrzeugen sehr kritisch betrachtet.

Millionen Fahrzeuge                    Tausend Fahrzeuge

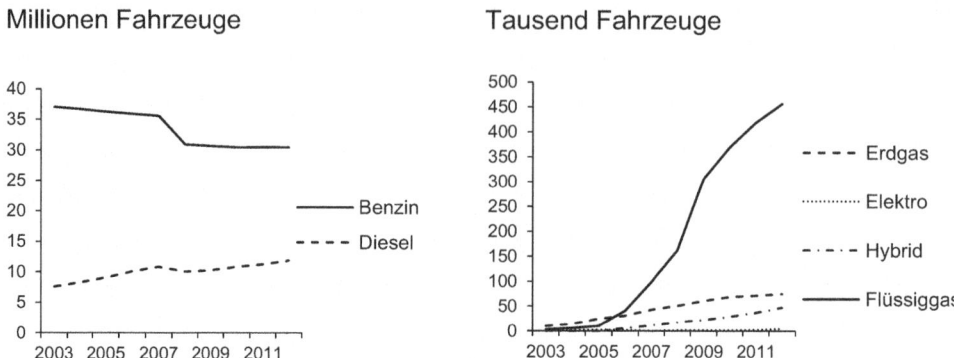

**Abb. 3.6** Entwicklung des Fahrzeugbestands mit konventionellen Antrieben von 2003 bis 2012 (KBA 2013). Entwicklung des Fahrzeugbestands mit alternativen Antrieben und Kraftstoffen. (KBA 2013)

> (…) Solange die Herstellprobleme nicht gelöst sind und die Energiebilanz keine Verbesserung verspricht, bringt [die Elektromobilität] nicht so viel.
> *C. Coppetti:* CEO On AG

Vielfach fehlt auch das Wissen um die konkrete Handhabung eines Elektroautos. So wird bspw. die mangelnde Reichweite häufig als Argument gegen den Autokauf angeführt, obwohl die tägliche Fahrleistung der meisten Fahrer die Kapazität heutiger Batterien bei weitem nicht ausreizt.

Nachvollziehbarer ist hingegen das mangelnde Vertrauen in die flächendeckende Verfügbarkeit von Ladestationen. In weiten Bevölkerungsteilen werden Elektroautos aufgrund ihrer Reichweite und Größe als Stadtautos wahrgenommen, obwohl sich das bestmögliche Anwendungsgebiet in städtischen Speckgürteln befindet, wo die eigene Garage mit Stromversorgung eher zur Basisausstattung gehört als in der Stadt.

> Ich hatte kürzlich einen E-Mini zum Test, der in jeder Hinsicht wirklich Spaß gemacht hat. Einzig das Tanken ging gar nicht. Wie soll ich das Fahrzeug in der Stadt betreiben? Soll ich ein Kabel aus dem Fenster meiner Wohnung hängen – und wer stellt sicher, dass ich einen Parkplatz direkt vor meinem Fenster finde? Von daher war ich am Ende doch froh, als ich den Mini wieder abgeben konnte.
> *D. Hoffend:* Leiter Großkunden & Neue Geschäftsfelder, Central European Region, Intel

Bewohner ländlicher Gebiete haben folglich die Infrastruktur, glauben jedoch nicht an die technologische Zuverlässigkeit.

> Was ist, wenn ich mit dem Auto im Winter im Stau stehe? Darf ich dann die Heizung nicht nutzen, um die Batterie zu schonen?
> *K. Kuhn*

Hier besteht eine Diskrepanz zwischen der kundenseitig wahrgenommenen Nutzenstiftung eines Elektroautos (Stadtauto) und dem Vermarktungsschwerpunkt vieler Hersteller

(Speckgürtel). Das aktuelle Vermarktungsproblem ist folglich nicht zuletzt auf eine nicht optimale Marketingkommunikation der Hersteller zurückzuführen.

---

**Customer Insight Elektromobilität**

- Weniger verbrauchen allein reicht nicht. Die negative Energiebilanz der Hersteller relativiert das umweltfreundliche Image von Elektroautos.
- Hohe Anschaffungskosten schrecken ab: Für den Massenmarkt sind die Preise von Elektrofahrzeugen aktuell noch zu hoch. Sehr hohe Anschaffungskosten überkompensieren aus Kundensicht die Einsparungen in der täglichen Nutzung.
- Was neu ist, muss noch lange nicht gut sein. Aktuell haben Nutzer noch nicht ausreichend Vertrauen in die Reichweite und Stromverfügbarkeit.
- Stadtauto ohne Lademöglichkeit: Aktuell wird das Elektroauto als Stadtauto wahrgenommen, Lademöglichkeiten befinden sich jedoch in den Garagen der Speckgürtel. Ein Widerspruch aus Kundensicht.

---

### 3.1.3   Carsharing

Carsharing, die entgeltliche Nutzung von Pool-Fahrzeugen, erfreut sich insbesondere in Städten wachsender Beliebtheit (siehe Abb. 3.7). War das eigene Auto für frühere Generationen noch eine Plattform zum Ausdruck der Persönlichkeit, ist es heute vielfach nur noch „Mittel zum Zweck".

Die Autonutzung garantiert Komfort und Flexibilität – unabhängig davon, ob sich das Fahrzeug im eigenen Besitz befindet oder nicht. Im Gegenteil, es ist für zahlreiche Nutzer sogar ein positives Symbol des Selbstausdrucks, kein eigenes Auto zu besitzen. Man ist smart und flexibel. Wer heute noch eines besitzt ist oldschool, so der Tenor insbesondere bei jüngeren Interviewpartnern. Für viele PKW-Nutzer steht der Autobesitz deshalb nicht

Bestandsentwicklung von E-Bikes

Entwicklung des Fahrradbestandes in Mio.

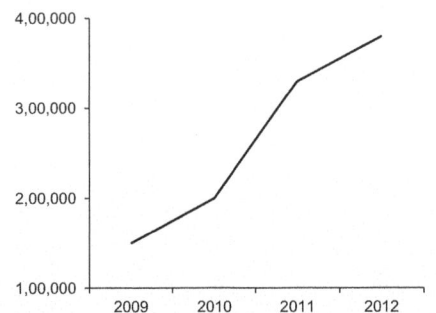

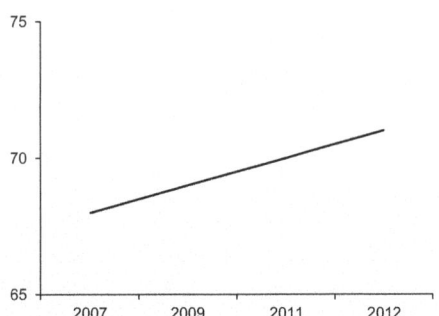

**Abb. 3.7** PKW-Entwicklung der bereitgestellten Carsharing-Fahrzeuge von 2009 bis 2013. (Bundesverband CarSharing 2013)

mehr an erster Stelle; wichtiger ist ihnen die Möglichkeit, Zugriff auf ein Auto zu haben, wenn es benötigt wird. Für dieses Mehr an Flexibilität zahlen sie auch gerne – eine Auffassung, die auch viele unserer Interviewpartner teilen.

> Um Flexibilität in der Mobilität zu haben, brauche ich aber nicht notwendigerweise ein eigenes Fahrzeug.
> *F. Zimmermann:* Geschäftsführer Cesar GmbH

Bei aller Präferenz für Flexibilität ist aus Sicht der Interviewpartner aber auch der ökonomische Vorteil des Carsharing nicht zu vernachlässigen. Warum für das eigene Auto zahlen, wenn es nicht bewegt wird? Diese Frage gewinnt angesichts steigender Unterhaltskosten von Automobilen auch in wohlhabenderen Zielgruppen an Bedeutung. Nicht nur im Hinblick auf die Nutzung, sondern auch im Hinblick auf Kosten wünschen immer mehr Kunden größtmögliche Flexibilität.

> Meiner Ansicht nach bietet Carsharing die einzigartige Möglichkeit, die Vorzüge des Automobils uneingeschränkt zu nutzen, ohne langfristige Verpflichtungen einzugehen.
> *M. v. Waldenfels: CEO & Co-Founder Mylorry*

Vorbehalte gegen die Nutzung von Carsharing ergeben sich hingegen aus der Erfahrung, dass Gegenstände, die sich nicht im eigenen Besitz befinden, häufig mit weniger Sorgfalt behandelt werden – ein Phänomen, das in der Marketingforschung unter dem Terminus „Misbehavior" diskutiert wird. Christian Berkel, deutscher Fernsehschauspieler mit hohem Mobilitätsaufkommen, sagt in diesem Sinne:

> Die Idee des Carsharing finde ich gut. Wirklich praktikabel wird es aber erst, wenn man in einem solchen Fahrzeug auch den Standard vorfindet, den man vorfinden möchte. Damit meine ich in erster Linie nicht die Fahrzeugausstattung, sondern den Allgemeinzustand des Fahrzeugs.
> *Christian Berkel:* Schauspieler

---

**Customer Insight Carsharing**
- Nicht-Besitzen ist der neue Luxus: Warum abends mit dem alten Kleinwagen einen Parkplatz suchen, wenn man auch morgens sorglos in den nagelneuen Mini einsteigen kann?
- Smart ist, was günstig ist: Mobile Endgeräte haben den Fixkostenblock übernommen, den private Nutzer früher für das Auto reserviert hatten. Nutzungsabhängige Kosten werden als günstiger und bedarfsgerechter wahrgenommen.
- Convenience ist das Mantra der Carsharer: Genutzt wird nur, was jederzeit verfügbar, einfach buchbar und direkt abrechenbar ist. Brüche im Nutzungsprozess haben enormes Frustrationspotential.
- Was mir nicht gehört, muss ich nicht pfleglich behandeln: Die Skepsis, ein schlecht gepflegtes Fahrzeug zu erhalten, hält derzeit noch viele von der Nutzung von Carsharing-Angeboten ab.

Beförderte Personen im SPNV in Mrd.

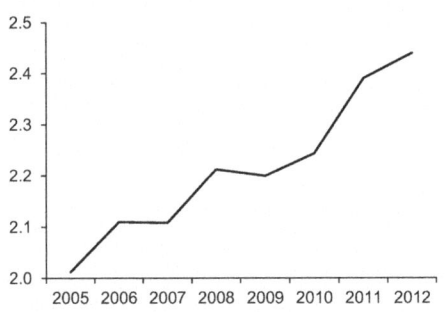

Beförderte Personen im ÖSPV in Mrd.

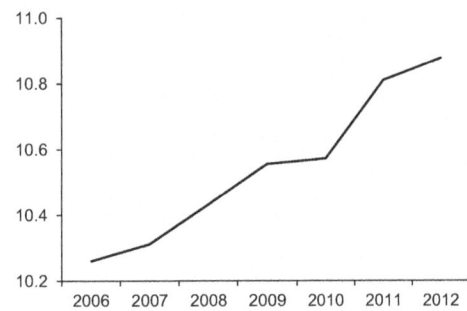

**Abb. 3.8** Anteil der Personen, die das Fahrrad ausschließlich als Verkehrsmittel nutzen. (Sinus Markt- und Sozialforschung GmbH 2011)

## 3.1.4 Das Fahrrad

Der gute alte Drahtesel erfährt dieser Tage eine Renaissance. Fahrradfahrer erobern die Metropolen. In Europas fahrradfreundlichsten Städten, Amsterdam und Kopenhagen, haben sie sogar das Auto als taktgebendes Verkehrsmittel abgelöst (vgl. Abb. 3.8).

Aber auch in Deutschland ist die Zweirad-Community im Kommen: In Berlin hat sich der Anteil der Fahrräder am Verkehr in den letzten zehn Jahren auf 14 % verdoppelt, allein in Münster gibt es eine halbe Million Fahrräder (was bei 290.000 Einwohnern durchaus respektabel ist) und in München sollen in den nächsten Jahren 175 Mio. € in den Ausbau von Fahrradwegen investiert werden (Die Welt kompakt 2014).

Gefördert wird dieser Trend durch das vermehrte Aufkommen von E-Bikes, die in den letzten Jahren einen enormen Wachstumsschub erfahren haben. Der E-Bike-Bestand lag 2012 bei 400.000 Rädern nach knapp 150.000 im Jahr 2009. Bosch, einer der führenden Motorenhersteller, muss seine Planzahlen ständig nach oben korrigieren, um der riesigen Nachfrage Herr zu werden. In Abb. 3.9 lässt sich dieser Trend auch faktisch nachvollziehen.

Interessanterweise spiegelt sich die signifikante Entwicklung bei den Verkaufszahlen im Mobilitätsverhalten unserer Gesprächspartner kaum wider. In Deutschland lebende Interviewte geben an, das Fahrrad gar nicht oder nur in der Freizeit zu nutzen. Vom E-Bike-Boom hat man gehört, interessiert sich aber nicht weiter dafür. Ein differenzierteres Bild ergibt sich für die Schweiz. So berichtet Caspar Coppetti, Geschäftsführer der On AG, dass er das Rad auch im beruflichen Kontext gern für Stadtfahrten nutzt und noch öfter nutzen würde, wenn er nicht meist kistenweise Anschauungsmaterial, sprich Laufschuhe, mitschleppen müsste. Ein enthusiastischeres Bild zeichnet Dirk Kurek, Geschäftsführer des St. Galler Fahrradherstellers Komenda:

> Fahrradfahren ist absolut im Trend. In ländlichen Regionen steigen mehr und mehr Menschen wochenends auf's Rad, um fit zu bleiben und die Natur zu genießen, in Städten ist das Biken insbesondere in der jüngeren Zielgruppe Ausdruck eines bestimmten Lifestyles, der im beruflichen wie im privaten Kontext gelebt wird.
> *D. Kurek:* GF Komenda

Car-Sharing Nutzer in tausend

Verfügbare Car-Sharing-FZG in tausend

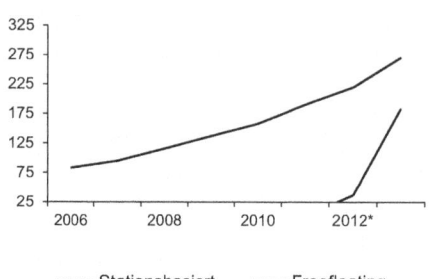

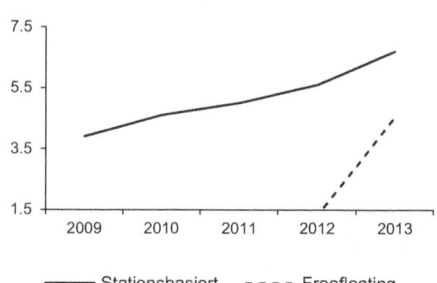

**Abb. 3.9** Entwicklung des Bestandes an E-Bikes von 2009 bis 2012 (Zweirad-Industrie-Verband e. V. 2013). Entwicklung des Fahrradbestands von 2007 auf 2012 in Millionen Fahrrädern. (Zweirad-Industrie-Verband e. V. 2013)

Je nach Mentalität verleiht es dem Nutzer die Aura eines urbanen Asphalt-Jägers, der sich durch stehende Autos hindurchschlängelt und nicht nur schneller und fitter, sondern auch effizienter ans Ziel kommt. Oder der Fahrradfahrer lässt sich lautlos elegant durch die Stadt gleiten und besticht durch Lässigkeit und ein puristisches Fahrradgestell. Das Fahrrad wird zum Stilstatement in einer Zeit, in der Luxus nicht mehr zwingend mit „Größer, Schneller, Weiter" gleichbedeutend ist, sondern mit „Smarter, Einfacher, Eleganter". Diese Meinung teilt auch Dirk Kurek, der sagt:

> Leute kaufen alles Mögliche bei uns. Mobilität, Lifestyle, eine Innovation, ein Medium, um sich auszudrücken…. Als letztes kaufen sie ein Fahrrad.
> *D. Kurek:* GF Komenda

Warum aber die Diskrepanz zwischen den Marktdaten und dem Mobilitätsverhalten unserer Interviewpartner? Bei genauerem Hinsehen ist es gar kein Widerspruch, sondern einmal mehr eine zu eindimensionale Betrachtung von Statistiken: Es zeigt sich, dass sich der deutsche Fahrrad-Boom insbesondere in Studentenstädten abspielt. Münster sieht sich als die deutsche Fahrradhochburg, die Studentenstädte Freiburg und Erlangen folgen auf dem Fuße. Ergo: Im Gegensatz zu Kopenhagen und Amsterdam, wo sich auch Banker und Anwälte in Schlips und Kragen auf's Rad setzen, ist der Drahtesel in der Wahrnehmung der deutschen Berufstätigen noch nicht angekommen. Unsere Interviewpartner gehören überwiegend der Zielgruppe 40 + an und sind in beruflichen Umfeldern mit überregionalem Mobilitätsanspruch tätig. Eine ergänzende Analyse der Fahrradnutzung unter Young Urban Professionals wäre aufschlussreich und wird empfohlen. Zudem interessiert die Frage, ob es hier u. U. ländertypische Präferenzen gibt.

Auffällig ist beim Fahrrad wie bei den vorherigen Verkehrsmitteln jedoch eines: Der Umweltaspekt, welcher von der Industrie in so hohem Maße gestresst wird, spielt für das Mobilitätsverhalten eine untergeordnete Rolle. Zu diesem Ergebnis kommt auch der frühere Kopenhagener Filmemacher und heutige Berater für urbane Radfahrkonzepte Mikael Colville-Andersen in einem (Die Welt 2014):

> Wer den Leuten erzählt, sie müssten auf's Rad umsteigen, um die Welt zu verbessern, um die Umwelt zu retten, der hat schon verloren. Nur wer das Gefühl hat, mit dem Rad schneller und günstiger ans Ziel zu kommen, steigt auf.
> *Mikael Colville-Andersen*

In Kopenhagen (500.000 Einwohner) gibt es 650.000 Fahrräder und gerade mal 125.000 Autos. Vielleicht gibt es ihn ja doch, den Homo Mobilicus.

**Customer Insight Fahrrad**
- Fahrradfahren ist Lifestyle: Bei Silver Agern steht es für Fitness & Gesundheit, bei der jungen Generation als Statement für einen unabhängigen, individuellen, urbanen Lifestyle.
- Der Drahtesel steht an der Ampel vorn: Radfahrer profitieren schon heute vielerorts von privilegierten Verkehrsrouten. Sie sind nicht nur flexibler, sondern fühlen sich auch als die clevereren Verkehrsteilnehmer.
- Individualisierung macht auch vor dem Zweirad nicht Halt: Multioptionalität bei Ausstattung und Farbgebung bergen Preispremium und Markenbindungspotential.

## 3.2 Entscheidungsalternativen im öffentlichen Personenverkehr (ÖPV)

Der öffentliche Personenverkehr (ÖPV) gliedert sich in den öffentlichen Personennahverkehr (ÖPNV) und den öffentlichen Personenfernverkehr (ÖFV). Als öffentlich gilt ein Verkehrsinstrument, wenn es von jedem Menschen gegen Bezahlung genutzt werden kann. Die Frage, ob der Träger des jeweiligen Angebots die öffentliche Hand oder ein privatwirtschaftliches Unternehmen ist, spielt für die Kategorisierung im Rahmen des Insight Mobility-Konzepts keine Rolle. Abbildung 3.10 gibt einen Überblick über die wichtigsten Mobilitätsalternativen des ÖPV.

### 3.2.1 Der öffentliche Personennahverkehr

Aufgrund der vermehrten Zuwanderung in urbane Ballungsräume erfreut sich der ÖPNV eines permanenten Wachstums. 2012 nutzen in Deutschland rund 13,3 Mrd. Fahrgäste Mobilitätsangebote des öffentlichen Personennahverkehrs. Gut 82 % der Fahrgäste grif-

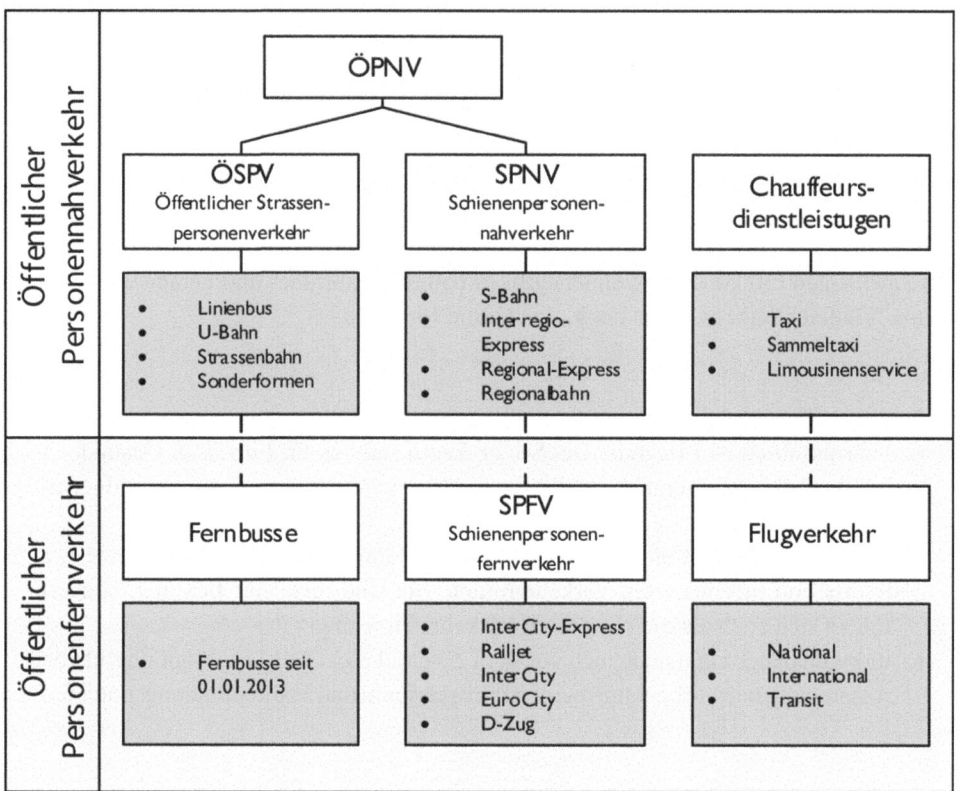

**Abb. 3.10** Struktur des ÖV-Portfolios

fen auf das Angebot des öffentlichen Straßenpersonenverkehrs (Linienbusse, Straßenbahn etc.) zurück, etwa 18 % nutzten das Angebot des Schienenpersonennahverkehrs, wie etwa die S-Bahn oder den Regionalexpress (siehe Abb. 3.11).

Gründe für das Wachstum des ÖPNV liegen neben dem fortschreitenden Urbanisierungsgrad und dem damit verbundenen Ausbau der ÖPNV-Infrastruktur in der Möglichkeit, das Verkehrschaos in den Innenstädten zu meiden: keine Staus und kein Zeitverlust durch die Parkplatzsuche sind starke Argumente für den ÖPNV. Weiterhin spielt die Kostenersparnis bei Verzicht auf ein eigenes Auto den öffentlichen Verkehrsangeboten in die Karten.

Vorreiter der ÖPNV-Nutzung sind wie bereits bei den Fahrrädern Studenten. Für sie stellt sich oftmals gar nicht die Frage, den Mobilitätsbedarf mit einem eigenen Auto zu decken. Als Gründe werden finanzielle Restriktionen genannt, aber auch der Unwille, sich mit der Administration, der Unterhaltsfrage und der Parkplatzsuche auseinanderzusetzen.

> Warum soll ich mich mit einem eigenen Auto belasten, wo ich doch die Straßenbahnstation direkt vor der Haustür und vor der Uni habe? Zudem wird das Bahnticket finanziell gefördert.
> *S. Cappel:* Student

Nutzung des Fahrrads als Verkehrsmittel

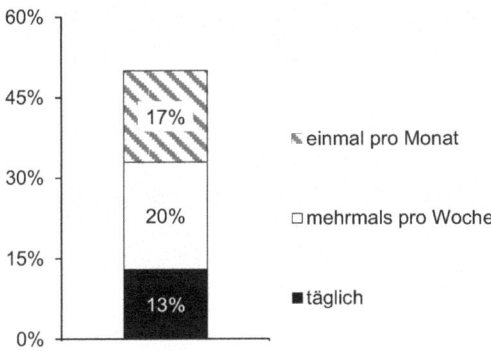

**Abb. 3.11** Entwicklung der beförderten Personen im Schienenpersonennahverkehr (SPNV) von 2005 bis 2012 (Statistisches Bundesamt 2013). Entwicklung der beförderten Personen im öffentlichen Straßenpersonenverkehr. (ÖSPV) von 2006 bis 2012 in Milliarden (Statistisches Bundesamt 2013)

Studenten denken in den Dimensionen Komfort und Flexibilität, wobei Komfort die zeitsparende Überbrückung von Distanzen beschreibt, während Flexibilität auf die Unabhängigkeit vom eigenen Fahrzeug und die spontane Einsetzbarkeit der begrenzten finanziellen Ressourcen abzielt. Umweltschutz spielt eine nachgelagerte Rolle.

Auch in der beruflichen Mobilität ist der öffentliche Personenverkehr auf dem Vormarsch. Ein Wachstum von über 20 % beim öffentlichen Straßenpersonennahverkehr im Zeitraum von 2005 bis 2012 indiziert, dass sich erste Berufspendler weg vom Automobil hin zum ÖPNV orientieren.

Mögliche Gründe hierfür sind neben steigenden Automobil- und Kraftstoffpreisen auch die kognitive Entlastung sowie die bessere Nutzbarkeit der Pendelzeit

(Anmerkung: In der Schweiz ist die Anzahl der ÖPNV-Pendler traditionell sehr hoch, was nicht zuletzt auf eine weit verbreitete Arbeitgeberförderung dieser Verkehrsmittel zurückzuführen ist.)

Auch in diesem Kontext ist jedoch Vorsicht bei der Interpretation von Statistiken geboten: In Deutschland muss gemäß unseren Interviews zum Beispiel ausdrücklich zwischen städtischen und ländlichen Verkehrsteilnehmern unterschieden werden.

Während Gesprächspartner aus dem urbanen Umfeld eine durchwegs positive Einstellung zu öffentlichen Verkehrsmitteln haben, diese regelmäßig nutzen oder zumindest über eine häufigere Nutzung nachdenken, stehen die Bewohner ländlicher Gebiete öffentlichen Mobilitätslösungen skeptisch bis ablehnend gegenüber. Als Gründe werden die mangelnde Zuverlässigkeit, die Nicht-verfügbarkeit zu Tagesrandzeiten und die unzureichende Abstimmung mit weiterführenden Verkehrsinstrumenten genannt.

So berichtet Christoph Epe, Geschäftsführer beim Sauerländischen Elektrotechnik-Hersteller Mennekes, dass für seinen Pendelweg eine öffentliche Verkehrslösung schlicht nicht gegeben ist:

> Die für mich relevanten Strecken hat man in den letzten Jahren immer mehr ausgedünnt. Um zu einem Hauptverkehrsknotenpunkt zu kommen, muss ich sehr oft umsteigen. Ich würde es sehr begrüßen, wenn unser Standort wieder eine bessere Anbindung bekäme.
> *C. Epe:* Kaufmännischer Geschäftsführer, Mennekes

Als Lösung könnte er sich ein Kleinbus-System vorstellen, das die entlegenen Orte flexibel mit den relevanten Umsteigepunkten verbindet – eine Lösung, für die es vermutlich eine private Initiative braucht. Bis dahin, so die Vermutung von Herrn Epe, wird die ländliche Bevölkerung weiter auf das Auto vertrauen.

Neben diesen rein infrastrukturell bedingten Themen spricht aus Kundensicht zudem ein weiterer Aspekt gegen die Nutzung des ÖV-Angebots:

> Sie möchten gerne ein Ticket für die Bahn lösen, die in 5 Minuten kommt, und dann mühen Sie sich erst mit diesem Ticket-Automat ab. Vielleicht ist das auch mein persönliches Problem mit diesem Tarifsystem und ich sollte auf ein Seminar gehen oder an die Uni, um U-Bahn zu studieren.
> *K.-H. Kalbfell*: Berater im Automobilbereich

Dieser Umstand reflektiert den grundsätzlichen Tenor unserer Interviewpartner, die sich einen Abbau von Schnittstellen zwischen den einzelnen ÖV-Angeboten wünschen, vor allem auch hinsichtlich der Bezahlung.

> Ideal wäre die One-Fits-All User-Card, mit der ich […] die S-Bahn in Hamburg nutze, mit dem Zug hierher fahre, und dann wieder mit der S-Bahn bis zum Zielort fahren kann. Das kann man aber noch fortsetzen. Eigentlich könnte doch auch ein Domestic-Flight dazugehören und auch ein Taxi.
> *J. Tiedge*: Commercial Excellence Director, GE Healthcare

Ein erfolgreiches, d. h. vom Kunden gern angenommenes intermodales Mobilitätsangebot bedarf demzufolge einer noch engeren Verzahnung der einzelnen Angebote des ÖV sowie eines simplen und übergreifenden Zahlungsprozess. Weiterhin als nicht stichhaltig für den ÖPNV erweist sich leider das Argument einer sinnvolleren Nutzung der Fahrzeit, denn hierfür sei der Reiseweg zu fragmentiert und das Arbeitsumfeld zu unruhig, so die allgemeine Meinung der Interviewten.

**Customer Insight ÖPNV**
- Stadt und Auto passen nicht zusammen. Je größer die Stadt, desto vorbehaltloser werden öffentliche Verkehrsmittel als konkurrenzlose Fortbewegungsalternative wahrgenommen: Keine Staus, keine Parkplatzprobleme, keine Fixkosten.
- Land und Öffentliche Verkehrsmittel passen nicht mehr zusammen: Der Rückbau des Streckenangebots sowie ungünstige Fahrpläne und Anschlussverbindungen machen die regelmäßige Nutzung des öffentlichen Verkehrs in vielen ländlichen Regionen unmöglich.

- ÖPNV-Zeit ist Facebook-Zeit: Cool ist, wer vernetzt und in den sozialen Medien präsent ist. ÖPNV-Wege bringen Qualitätszeit, um sich diesem Thema zu widmen.
- Genutzt wird, was gefördert wird: Junge Menschen und Studenten nutzen den ÖPNV, weil er vielfältig gefördert wird. Etablierte Berufstätige nehmen die Option des eigenen Geschäftswagens mit Tankkarte als attraktiver wahr – trotz Staurisiko.

## 3.2.2   Chauffiertes Fahren

Neben den klassischen ÖPNV-Angeboten sind alle Chauffeurdienstleistungen zum Leistungsspektrum des öffentlichen Personennahverkehrs zu zählen. Das Taxi ist der am stärksten frequentierte Vertreter dieser Dienstleistung. In Deutschland nutzten 2011 rund 427 Mio. Fahrgäste das Taxi, Tendenz steigend. Der erzielte Umsatz liegt bei vier Milliarden Euro. Im Schienenpersonennahverkehr wurden im gleichen Zeitraum 2,4 Mrd. Fahrgäste befördert und ein Umsatz von 9,4 Mrd. € erzielt.

Auffällig ist, dass die Preissensibilität in Bezug auf Taxifahrten relativ gering ausfällt. Von 2001 bis 2011 ist der Durchschnittspreis pro Fahrgast um 20 % angestiegen, ohne dass es zu einem nennenswerten Aufbegehren seitens der Fahrgäste oder der Medien kam (vgl. Abb. 3.12). Die Gründe hierfür können verschiedenartiger Natur sein. Aus einer ganzheitlichen Mobilitätsbetrachtung heraus hat sich das Verkehrsaufkommen auf den Straßen erhöht, was zu längeren Fahrtzeiten und -strecken und damit zu höheren Preisen führt. Diese Argumentation mag eine sachlogisch richtige Begründung für den Preisanstieg sein, sie erklärt aber nur den Preisansteigt, nicht jedoch seine Akzeptanz beim Kunden. Kunden nehmen hohe Taxipreise in Kauf, weil das Taxi aus ihrer Sicht in punkto Zuverlässig-

Befördere Personen in Taxen in Mio.

Geschätzte Einnahmen im Taxigewerbe in Mrd.

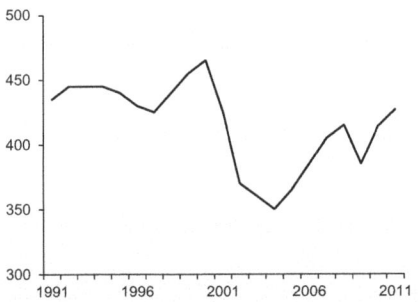
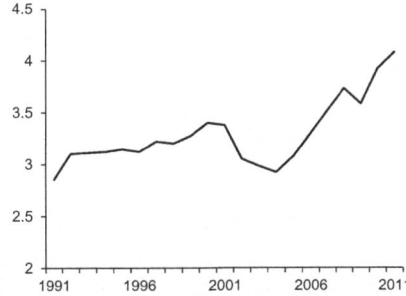

**Abb. 3.12** Entwicklung der beförderten Personen im Taxigewerbe von 1991 bis 2011 (Deutscher Taxi- und Mietwagenverband e. V. (BZP) 2012). Entwicklung der geschätzten Einnahmen im Taxigewerbe von 1991 bis 2011. (Deutscher Taxi- und Mietwagenverband e. V. (BZP) 2012)

keit, Flexibilität und Verfügbarkeit eine unschlagbare Alternative darstellt. So berichtet der Schauspieler Christian Berkel, dass die Filmindustrie nahezu durchgängig auf Chauffeur- und Taxidienste setzt, um Schauspieler und Beteiligte ans Set zu bringen. Nur so ist sichergestellt, dass alle Beteiligten zur rechten Zeit am richtigen Ort sind. Mit Eitelkeit hat die Chauffeurnutzung wenig zu tun. Vielmehr nimmt man diese Mehrkosten gern in Kauf, da sie im Vergleich zu Wartekosten bei Zuspätkommen eines Akteurs vernachlässigbar gering sind.

Auf Basis von Opportunitätskosten argumentieren auch Manager, die das Taxi auf Geschäftsreisen schätzen, weil es ihnen viel Planungs- und Suchaufwand erspart. Man setzt sich ins Taxi und kann sich schon während der Fahrt auf den Termin konzentrieren.

Es bleibt festzuhalten, dass das Taxi wegen seiner Flexibilität geschätzt wird. Die Interviews zeigen aber auch, dass es als rein berufliche Mobilitätsalternative gesehen wird. Als private Lösung wird es trotzdem nicht gesehen, auch wenn im Vergleich zum eigenen Auto sogar geringere Gesamtkosten anfallen könnten.

**Customer Insight Chauffiertes Fahren**
- Wer sicher ankommen will, fährt Taxi: Chauffeurdienste bieten Punkt-zu-Punkt-Verbindungen und wählen aufgrund ihrer Ortskenntnis stets die optimale Route. Das reduziert das Risiko des Zuspätkommens.
- Chauffeurdienst-Preise sind konkurrenzlos anders: Preisvergleiche zwischen Chauffeurdienst- und ÖPNV-Angeboten bzw. privaten Mobilitätslösungen finden praktisch nicht statt.
- Chauffeurdienste sind nichts für Privatleute: Taxis und andere Dienste werden fast ausnahmslos im geschäftlichen Kontext genutzt und abgerechnet.
- Keine Kreditkartenabrechnung, kein Geschäft: Das Gefühl von Komfort entsteht, wenn die Taxifahrt direkt über die Geschäfts-Kreditkarte abgerechnet werden kann. Das Vorlegen von eigenem Bargeld wirkt abschreckend.
- Privatsphäre ist Mehrwert: Vor dem Meeting noch einen Moment der Ruhe zu haben, veranlasst viele Nutzer dazu, das Taxi der vollgestopften Straßenbahn vorzuziehen.

### 3.2.3   Der öffentliche Personenfernverkehr

Parallel zu den Nutzungszuwächsen im ÖPNV verzeichnen auch Anbieter im öffentlichen Personenfernverkehr einen Anstieg der beförderten Personen, wie in Abb. 3.13 zu sehen. Dabei ist insbesondere der Anstieg im internationalen Flugverkehr, das heißt, von grenzüberschreitenden Flügen, festzustellen. Im Zeitraum von 2001 bis 2011 hat die Zahl der Flugpassagiere in diesem Segment um mehr als 60 % zugenommen. 2011 wurden 151 Mio. Passagiere mit internationalem Flugziel oder internationaler Herkunft gezählt. Vergleichs-

Befördere Personen im SPFV in Mio.

Flugpassagiere in Mio.

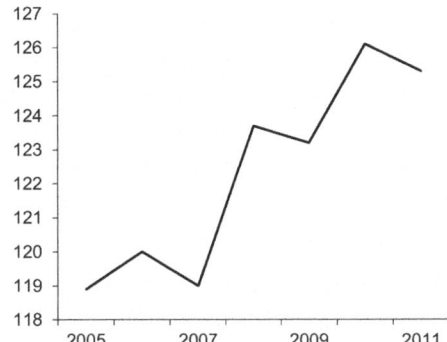

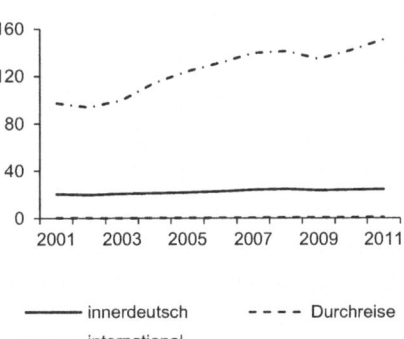

**Abb. 3.13** Entwicklung der beförderte Personen im SPFV von 2005 bis 2012 in Millionen (Statistisches Bundesamt 2012). Entwicklung der beförderten Personen im Flugverkehr von 2001 bis 2011 in Millionen Passagiere nach Destination. (Statistisches Bundesamt 2013)

weise stabil blieben hingegen die Passagierzahlen von innerdeutschen Flügen, die lediglich einen Anstieg um zwei Prozent von 2001 auf 2011 verzeichneten. Ähnlich moderate Zuwächse an Passagieren sind im innerdeutschen Schienenpersonenfernverkehr zu verbuchen. 2011 wurden ca. fünf Prozent mehr Fahrgäste als 2001 bedient. Die vergleichsweise geringen Zuwächse lassen einerseits vermuten, dass der Bedarf an Langstreckenpendlern eher stagniert. Andererseits zeichnet sich ab, dass das Flugzeug auf innerdeutschen Langstrecken zur ersten Wahl avanciert, da bereits heute das Flugpassagieraufkommen in diesem Segment höher ist als das gesamte Fahrgastaufkommen im deutschen Schienenpersonenfernverkehr. Die Gründe, die unsere Gesprächspartner in diesem Kontext für das Bevorzugen des Flugzeugs gegenüber der Schiene anführen, sind vielseitig. Einigkeit herrscht dahingehend, dass Flugreisen mit einer höheren Planungssicherheit verbunden werden als Bahnreisen. Flüge werden als pünktlicher wahrgenommen und sind zudem häufig besser auf die etablierten Start- und Endzeiten von Halb- und Ganztages-Meetings abgestimmt. Ebenfalls wird das Fliegen als die preisgünstigste Lösung zur Überbrückung von Langstrecken wahrgenommen. Hier macht sich der Einfluss der Billig-Airlines auf die Flugpreise bemerkbar. Variierende Meinungen treten hingegen zutage, wenn es um den Reisekomfort und die Zeiteffizienz von Flug- versus Bahnreisen geht: Eine häufig genutzte Faustregel besagt, dass für Distanzen bis 400 km die Bahn das Verkehrsmittel der Wahl sei, während sich für größere Entfernungen das Flugzeug empfiehlt. Argumentiert wird dabei mit Blick auf die aufzuwendende Zeit. Die Strecke Frankfurt-Zürich lässt sich genauso schnell mit dem Flieger wie mit dem Zug zurücklegen. Die faktische Flugzeit ist zwar kürzer als die Zugfahrt, aber die Anreise zum Flughafen, Check-in, Sicherheitskontrollen und Boarding nivellieren jedoch diesen Vorsprung. Dass das Flugzeug dennoch als die schnellere Mobilitätslösung wahrgenommen wird, liegt nicht zuletzt an dieser Fragmentierung des Reiseprozesses:

Fliegen fühlt sich schneller an. Check-in, Boarding, Snack… ständig passiert was – da vergeht die Zeit im wahrsten Sinne des Wortes wie im Flug.
*S. Cappel:* Student

Das erzählt Sven Cappel, Student aus Wiesbaden. Und auch die deutsche Opernsängerin Nadja Michael lebt in absolutem Einklang mit den Routinen, die die Fliegerei so vorhersagbar und planbar machen:

Das Flugzeug benutze ich heute eigentlich wie eine Straßenbahn.
*N. Michael:* Opernsängerin

Das Flugzeug hat es insbesondere bei unseren jüngeren Befragten geschafft, den Zug in Bezug auf mittlere Distanzen (innerdeutsche Reisen, Reisen ins Nachbarland) als Routinelösung zu verdrängen. Die starke Fragmentierung der Reisezeit, eigentlich ein Nachteil gegenüber der Bahn, wird als Vorteil im Sinne einer gefühlt kürzeren Reisezeit empfunden.

Im Kontrast dazu erlebt der Zug bei älteren Geschäfts- und Vielreisenden eine Renaissance. Sie schätzen die Bahnfahrt als friktionslose Arbeitszeit und nehmen dafür teilweise sogar bewusst längere Fahrzeiten in Kauf. Im Zug werden Meetings vorbereitet und durchgeführt, es wird telefoniert, gemailt und konzentriert gearbeitet. Kritisch wird deshalb die zunehmende Überbuchung der Züge auf den Hauptreiserouten zu Stoßzeiten gesehen. Die regelmäßig erlebbaren, chaosartigen Überfüllungszustände wirken sich negativ auf das Image des Verkehrsmittels Bahn aus und treiben teilweise echte Bahn-Fans in den Flieger:

Besprechungen im Zug sind heute oft nicht mehr möglich – es ist zu voll.
*D. Landolf:* Postauto Schweiz
Wenn in der 1.Klasse alles besetzt ist, ist das nicht mehr 1.Klasse.
*M. Wetzel:* ehem. CMO Schindler

Hier liegt es an den Schienenverkehrsanbietern, ihren wahren Wettbewerbsvorteil zu erkennen und diesen im Sinne einer klaren Positionierung auf Basis eines eindeutig definierten Leistungsversprechens zu nutzen.

Ein kontraintuitives Bild ergibt sich in Bezug auf die Nutzungsmotive von Langstreckenflügen. Obwohl vom Reiseablauf vergleichbar mit längeren Bahnreisen (langer Aufenthalt an Bord, fest zugewiesener Sitzplatz, wenig Friktionsverluste), wird die Reisezeit auf Langstreckenflügen von Führungskräften häufig weniger als operative Arbeitszeit geschätzt, sondern als exklusive Privat- und Rückzugszeit. Man genießt die Entkopplung vom Alltagsgeschäft als Qualitätszeit, in der man sich über strategische Fragen in Ruhe Gedanken machen kann. Noch einen Schritt weiter geht der weltweit erfolgreiche Dirigent Kent Nagano, für den das Flugzeug gerade deshalb das präferierte Reisemittel darstellt, weil man hier nicht operativ arbeiten, sondern sich voll auf sich selbst konzentrieren kann. Die Nicht-Verbundenheit mit dem Internet empfindet er als Privileg: Disconnectivity als Luxus.

Entwicklung der Betriebsleistung im SPNV        Umsatzentwicklung in Mrd. €

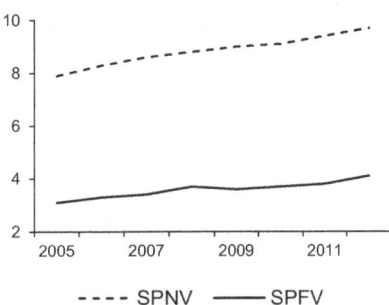

**Abb. 3.14** Entwicklung der Betriebsleistung in Millionen Schienenkilometer der Deutschen Bahn (DB) und der Wettbewerber von 2000 bis 2011 (Netzwerk Privatbahnen e. V., Mofair e. V. 2011). Umsatzentwicklung im Schienenpersonennahverkehr (SPNV) und Schienenpersonenfernverkehr (SPFV) von 2005 bis 2012. (Bundesnetzagentur 2013)

> Das Flugzeug ist der einzige Ort, an dem man nicht von seinen E-Mails verfolgt wird. Das ist für mich der größte Luxus.
> *K. Nagano:* Dirigent

Offensichtlich belegen Vielreisende die Reisezeit in Flugzeugen mit anderen nutzenstiftenden Attributen als die in der Bahn. Diese unterschiedlichen Motive für die Nutzung des einen oder anderen Verkehrsmittels gilt es bei der Positionierung von zielgruppenspezifischen Reiseangeboten im Sinne einer differenzierenden Positionierung zu berücksichtigen. Der allseits vorangetriebene Ausbau von Internet-on-Board-Angeboten scheint auf Basis unserer Interviews zum Beispiel nicht zwingend als wichtigstes Argument im Kampf um die begehrte Zielgruppe der zahlungskräftigen Geschäfts- und Vielreisenden gesehen zu werden. Vielmehr hat es den Anschein, dass zu viel Connectivity sogar eher negativ auf wirklich einflussreiche Passagiere wirkt.

Der Großteil aller Mobilitätsdienstleistungen sowohl im deutschen SPNV als auch im deutschen SPFV wird von der deutschen Bahn erbracht. Dennoch verändert sich die Leistungsstrategie der deutschen Bahn bei näherer Betrachtung deutlich. So lässt sich seit der Jahrtausendwende speziell im SPNV ein klarer Trend feststellen: Die jährliche Betriebsleistung geht zurück, das heißt im Zeitraum von 2000 bis 2011 um knappe zwölf Prozent. Um dennoch der tendenziell steigenden Nachfrage im SPNV gerecht zu werden, werden bestimmte Strecken an Wettbewerbsdienstleister vergeben (siehe Abb. 3.14). Deren Betriebsleistung verzeichnet beachtliche Wachstumsraten. So ist von 2000 bis 2011 ein Zuwachs von gut 300 % zu verzeichnen. Interessanterweise schlägt sich jedoch der anhaltende Rückzug der DB aus bestimmten Teilen des SPNV nicht auf die Umsatzentwicklung nieder. Demzufolge stieg der Umsatz von 2005 um etwa 23 % auf 9,7 Mrd. € in 2012. Die Bahn ist folglich offenbar in der Lage, die Umsätze trotz Reduzierung der Be-

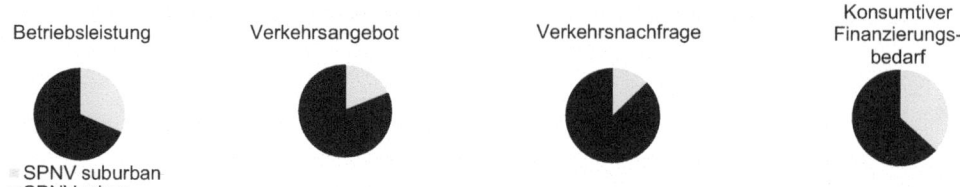

Betriebsleistung          Verkehrsangebot          Verkehrsnachfrage          Konsumtiver Finanzierungs-bedarf

SPNV suburban
SPNV urban

**Abb. 3.15** Betriebsleistung in Zug-km, Verkehrsangebot in Platz-km, Verkehrsnachfrage in Personen-km und konsumtiver Finanzierungsbedarf pro Jahr nach SPNV suburban gegenüber den restlichen SPNV-Angeboten in 2009. (Verband Deutscher Verkehrsunternehmen (VDV) 2009)

Entwicklung der beförderten Personen im Busfernverkehr
von 2009 bis 2013 in Mio.

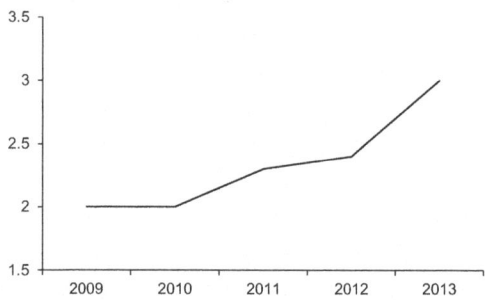

**Abb. 3.16** Entwicklung der beförderten Personen im Busfernverkehr von 2009 bis 2013 in Millionen. (Statistisches Bundesamt 2014; IGES 2014)

triebsleistung zu steigern. Grundsätzlich könnte daraus geschlossen werden, dass sich die Bahn auf lukrative Verbindungen fokussiert. Diese sind eher in dicht besiedelten Regionen anzutreffen, in denen von einem relativ hohen Aufkommen an Berufspendlern auszugehen ist. Eher das Nachsehen werden bei solch einer Strategie die ländlicheren, dünner besiedelten Gebiete haben.

Diese Strategie erscheint durchaus nachvollziehbar, denn der konsumtive Finanzierungsbedarf des SPNV in ländlicheren Gebieten umfasst knapp 40 % des gesamten SPNV-Bedarfs und rund 30 % der gesamten Betriebsleitung des SPNV. Dem stehen lediglich 13 % der gesamten SPNV-Nachfrage gegenüber. Demzufolge erscheint eine wirtschaftlich profitable Kosten-Nutzen-Rechnung im ländlichen Raum kaum realisierbar (vgl. Abb. 3.15).

Wie bereits im Übersichtstableau des Öffentlichen Personenverkehrs vermerkt, sind seit dem 01. Januar 2013 Fernbusse im öffentlichen Personenfernverkehr im Einsatz. Dass dieses neue Angebot im Fernverkehr von den Kunden bereits nach kurzer Zeit gut angenommen wird, zeigt sich im Anstieg der Fernbusreisenden um 25 % von 2012 auf 2013 (siehe Abb. 3.16).

**Customer Insight Öffentlicher Fernverkehr**
- Staufreie Fortbewegung
- Kein zusätzlicher Zeitaufwand durch Parkplatzsuche
- problemlose Kombination mit anderen Verkehrsmitteln
- Geringer kognitiver Aufwand
- Bessere Nutzbarkeit der Pendelzeit
- Kosten rein nutzungsabhängig

## 3.3   Entscheidungsalternativen in der Logistik

Angesichts des weltweit wachsenden Handelsvolumens ist im Logistikbereich ein stetiges Umsatzwachstum zu verzeichnen. Dies trifft besonders auf Länder wie Deutschland und die Schweiz zu, die in hohem Maße vom Export fertiger Waren und vom Import zugehöriger Rohstoffe und Komponenten abhängig sind.

Logistik auf den Handel von Industriegütern zu beschränken, greift jedoch zu kurz. Vielmehr tragen auch das kometenhafte Wachstum des Internetvertriebs von Endkundenprodukten und die nach wie vor hohe Beliebtheit des konventionellen Versandhandels zum Anstieg des Logistikvolumens bei. Längst haben wir uns daran gewöhnt, dass unsere Produkte von überall aus der Welt stammen, seien es Lebensmittel, Textilien oder Elektronik. Dabei ist den Konsumenten häufig gar nicht bewusst, welche Wegstrecken einzelne Produkte und deren Komponenten bereits zurückgelegt haben, um in den Einkaufswagen bei Rewe, MediaMarkt oder Amazon zu gelangen.

Vom Trend des globalisierten Handels profitieren in erster Linie die großen Logistikdienstleister. Als Transporteur und Auslieferer der begehrten Waren kommt ihnen nicht nur eine entscheidende Rolle in der Wertschöpfungskette zu, sie beeinflussen über die Qualität ihrer Leistungserbringung auch die Zufriedenheit der Kunden mit den Händlern und ihren Produkten. Was bringt das schönste Weihnachtsgeschenk, wenn es erst an Neujahr ankommt? Wie viel ist ein Blumenstrauß zum Valentinstag noch wert, wenn Fleurop ihn am 15. Februar liefert?

Um Kundenzufriedenheit sicherzustellen, bedarf es des Zusammenspiels einer Vielzahl von logistischen Teilleistungen, wobei man im Kern zwischen Leistungen zur Überbrückung langer Distanzen (zentrale Distribution) und Leistungen für die Feinverteilung der Waren an die finale Bestimmungsadresse unterscheidet (dezentrale Distribution). Abbildung Abb. 3.17 fasst entsprechend die wichtigsten Komponenten des Logistik- und Distributionssystems zusammen.

Aus der Sicht des Homo Mobilicus bieten moderne Logistikkonzepte eindeutige Vorteile. Er spart Zeit, indem er den Aufwand der physischen Mobilität auf einen Dienstleister überträgt. Ferner schont dieser Dienstleister finanzielle, geistige und körperliche Ressour-

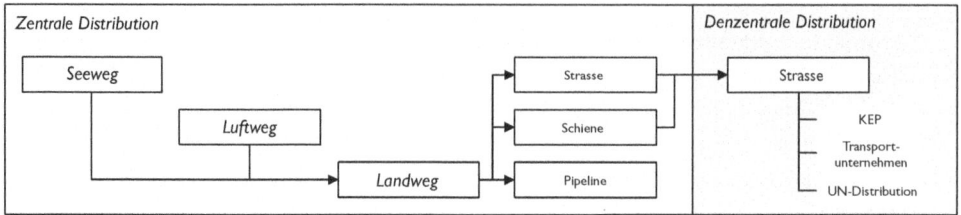

**Abb. 3.17**  Struktur des Mobilitätselements Logistik

cen (Kraft). Er trägt dem Homo Mobilicus die Waren bis zur Haustür und reduziert somit seinen Einsatz auf die Bezahlung und die Empfangsbestätigung an der Haustür.

Vor diesem Hintergrund erscheint es wenig verwunderlich, dass die Logistikbranche ungebremst wächst. Um gegenüber reinen E-Commerce-Anbietern wettbewerbsfähig zu bleiben, bieten mittlerweile fast alle stationären Handelsunternehmen ihre Leistungen auch als Bring-Service an. Ferner spielt die demographische Entwicklung der deutschsprachigen Logistikbranche in die Karten. Insbesondere die Generation der „Silver Surfer" nutzt die Vorteile des Online-Shopping (Manager Magazin 2012). In der Altersgruppe der 45- bis 64-Jährigen kaufen inzwischen schon rund drei Viertel (74 %) im Internet. Darüber hinaus trägt auch das zunehmende Vorkommen von Singlehaushalten, im Marketing spricht man von Singlelization, zum Logistikwachstum bei. Dieser häufig karriereorientierten Zielgruppe fehlt die Zeit zum Einkaufen. Zudem misst sie der sozialen Komponente des physischen Einkaufserlebnisses eine geringere Bedeutung bei. Zielgruppenübergreifend kann festgehalten werden, dass Online-Verkaufsplattformen wie Amazon zunehmend auch solche Käufer gewinnen können, die eigentlich dem physischen Einkauf zugetan sind, sich aber durch das umfassendere und besser vergleichbare Angebot im Internet locken lassen. Eine Entwicklung, die laut Dr. Frank Zimmermann von der cesah GmbH noch am Anfang steht.

> In Zukunft werden die Produkte eher zu uns kommen, anstatt dass wir zu den Produkten kommen.
> *F. Zimmermann:* cesah GmbH

Deutschland zählt dabei zu einem der größten Wachstumsmärkte überhaupt. Dies wird eindrucksvoll unter Beweis gestellt, wenn man sich allein das enorme Wachstum des Online-Händlers Zalando anschaut. Ein ähnliches Szenario lässt sich aus Abb. 3.18 ableiten. Darüber hinaus ist eine detailliertere Aufschlüsselung der Transportleistung nach Warengruppen und Transportmittel Abb. 3.19 zu entnehmen. Letztlich resultiert aus dem Anstieg der benötigten Transportleistung auch eine deutliche Umsatzsteigerung in den beteiligten Transportbranchen, wie aus Abb. 3.20 ersichtlich wird.

Gleichzeitig bedingt dieses Logistikwachstum einen Zuwachs an Personen, die der aktuellen Entwicklung kritisch gegenüberstehen. So werden sich mehr und mehr Konsumenten der Tatsache bewusst, dass der merkliche Anstieg des LKW-Aufkommens auf

Prognose der anfallenden Transportleistungen bis 2050 in Mrd. Tonnenkilometer

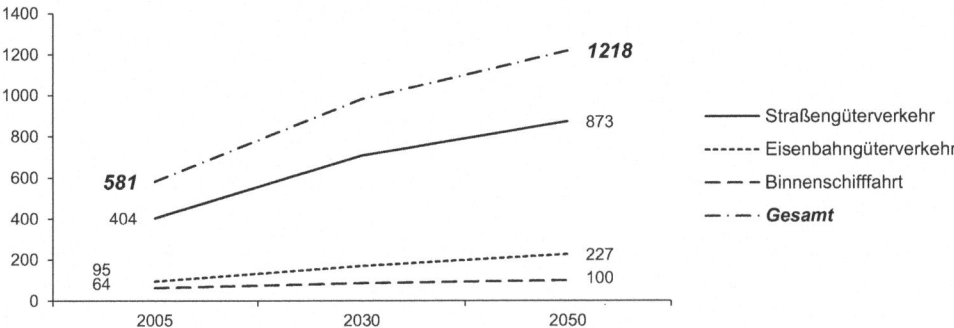

**Abb. 3.18** Prognose der notwendigen Transportleistung nach Transportmitteln in Milliarden Tonnenkilometer bis 2050. (Bundesministerium für Verkehr, Bau und Stadtentwicklung – Progtrans 2007)

Notwendige Transportleistung nach ausgewählten Gütergruppen in Mrd. Tonnenkilometer

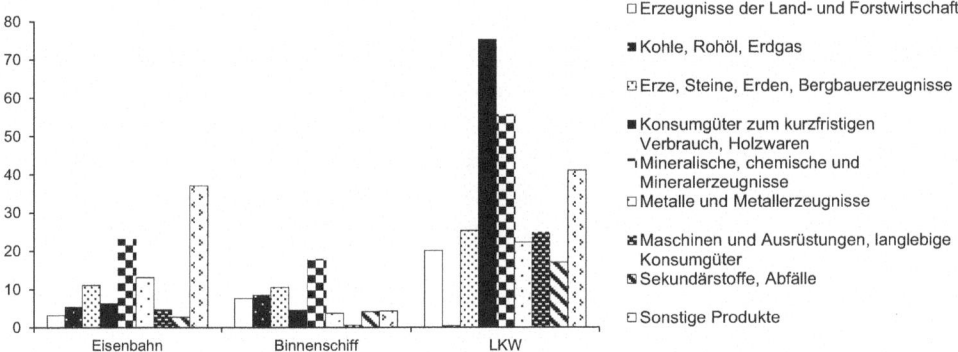

**Abb. 3.19** Notwendige Transportleistung nach ausgewählten Verursacher-Gütergruppen in Milliarden Tonnenkilometer in 2012. (Bundesministerium für Verkehr, Bau und Stadtentwicklung 2012)

deutschen Straßen in kausalem Zusammenhang mit ihrem Einkaufsverhalten im Internet steht. Ferner stellt der Logistikanbieter PTV in einem White-Paper zu Logistiktrends klar heraus, dass mittlerweile 50 % der Verbraucher in westlichen Industrienationen bereit sind, mehr für umweltfreundliche Produkte und Leistungen zu zahlen. Ein Trend, der gegen die Omnipräsenz des Homo Mobilicus spricht, der diese ökologischen Überlegungen stets der persönlichen Nutzenmaximierung in zeitlicher, finanzieller und kognitiver Hinsicht unterordnen würde. Dennoch birgt dieser Trend Chancen für neue und differenzierte Logistikkonzepte. In diesem Sinne äußert sich auch Dr. Jürgen Tiedge, der den aufkommenden Nachhaltigkeitstrend als Kundenbedürfnis wie folgt beschreibt:

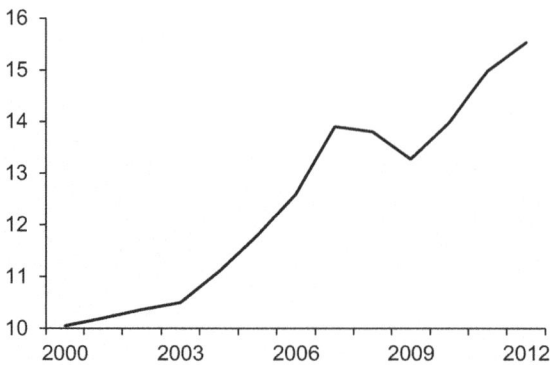

Umsatzentwicklung der KEP in Mrd. €

**Abb. 3.20** Entwicklung des Umsatzes der Kurier-, Express- und Paketdienste (KEP) von 2000 bis 2011 in Milliarden Euro. (Bundesverband internationaler Express- und Kurierdienste e. V. 2013)

> [...] Wenn ich als Nutzer etwas Grünes will, dann ist es für mich wichtig, dass die Logistik-
> kette, die zu mir hinführt, auch grün ist.
> *J. Tiedge:* Commercial Excellence Director, GE Healthcare

Einige Paketzusteller haben diesem Trend bereits Rechnung getragen, indem sie ihren Kunden die Option des klimaneutralen Versandes anbieten. Ferner bilden sich vielerorts Logistik-Kooperationen, um Städte vor dem drohenden Verkehrsinfarkt und einer übermäßigen Lärmbelastung zu schützen. Die Idee: Nicht jedes Geschäft wird von einem separaten LKW angefahren, sondern ein LKW steuert mehrere Ziele an. Ein probates Mittel, um dem Kundenanspruch an mehr Lieferflexibilität hinsichtlich kleinerer und individueller Liefermengen zu begegnen.

Schließlich wird eine engere Zusammenarbeit und sinnvollere Verteilung zwischen Straße, Schiene und Luft angestrebt. Noch verlangsamen allerdings häufig Ressortegoismen und die mangelnde Harmonisierung zwischen Systemen den Optimierungsprozess.

Es bleibt festzuhalten, dass der Anteil an Transportleistungen wächst, wobei diese fast ausschließlich über den LKW, also den Straßengüterverkehr, erbracht werden.

> Die Speditionsunternehmen sind die wahren Logistikprofis, die haben in den letzten Jahren
> an allen Verkehrsknotenpunkten riesige Logistikzentren geschaffen, über die sie Waren ext-
> rem schnell verteilen können.
> *G. Burger:* Leiter Straßenverkehrs- und Schifffahrtsamt

Knapp 90 % der Transportleistung kurzfristiger Konsumgüter und etwa 80 % der langlebigen Konsumgüter werden über den Straßengüterverkehr erbracht. Insbesondere im Bereich der Lebensmittel wird es zukünftig weitere Verschiebungen in Richtung „Home Delivery" geben. Unklar ist, ob die gebündelte Feinverteilung per Transportunternehmen eine Entlastung für den Straßenverkehr bedeutet. Einerseits können dadurch private

Fahrten zum Supermarkt oder zu Einkaufszentren ersetzt werden. Andererseits bleibt zu befürchten, dass durch die zunehmende Anzahl an Transportfahrzeugen eine zusätzliche Verkehrsbelastung entsteht. Tatsächlich ist das Wachstum im Online-Handel nicht zu bremsen. Dank „Overnight-Express" ist die Ware, die man abends auf der Couch bestellt, bereits am nächsten Morgen da. Die lästige Parkplatzsuche in der Innenstadt, das Anstehen an vollen Kassen und lange Wege durch Fußgängerzonen und Einkaufsmalls sind damit passé.

Wir sind es inzwischen gewöhnt, dass alles nur einen „Mausklick" entfernt ist.
*J. Tiedge*: Commercial Excellence Director, GE Healthcare

**Customer Insight Logistik**
- Konsumenten schätzen die größere Auswahl im Netz und die Zeitersparnis durch die Lieferung
- Wunsch nach Nachhaltigkeit erfordert mehr Transparenz in der Lieferkette
- Insbesondere Express-Lieferungen stellen einen besonderen Mehrwert dar

## 3.4   Entscheidungsalternativen in der Informations- und Kommunikationstechnologie (IKT)

Eine weitere Entscheidungsalternative im Mobilitätskontext lautet: „Ich will nicht mobil sein. Ich verweile." Ermöglicht wird das Verweilen durch Informations- und Kommunikationstechnologien (IKT), die den Datenaustausch zwischen Menschen ermöglichen. Den Beitrag der IK-Technologien auf die zwischenmenschliche Kommunikation zu beschränken, würde jedoch zu kurz greifen. Vielmehr sind sie durch die intelligente Vernetzung von Objekten, z. B. Fahrzeugen, und durch die Unterstützung der Interaktion zwischen Menschen und Objekten an nahezu allen vorkommenden Interaktions- und Transaktionsprozessen maßgeblich beteiligt. IKTs sind bereits heute integraler Bestandteil vieler Mobilitätsdienstleistungen. Entweder direkt, wie bei der Nutzung von Skype, oder indirekt in Form von Navigationsgeräten in Flugzeugen und Autos. Abbildung Abb. 3.21 illustriert den breitgefächerten Einsatz von IKTs in den verschiedenen Anwendungsbereichen.

### 3.4.1   Zugang und Nutzung des Datenverkehrs

Das Smartphone ist das Accessoire unserer Zeit. Es ist Ausdruck von Status und Persönlichkeit und stellt sicher, dass man immer und überall mit seiner Bezugsgruppe in Kontakt treten kann. Aufgrund seiner Multifunktionalität hat es Fotoapparate, Taschenkalender und Diktiergeräte aus unserem Alltag verdrängt. Alles geht mit dem Smartphone, nichts

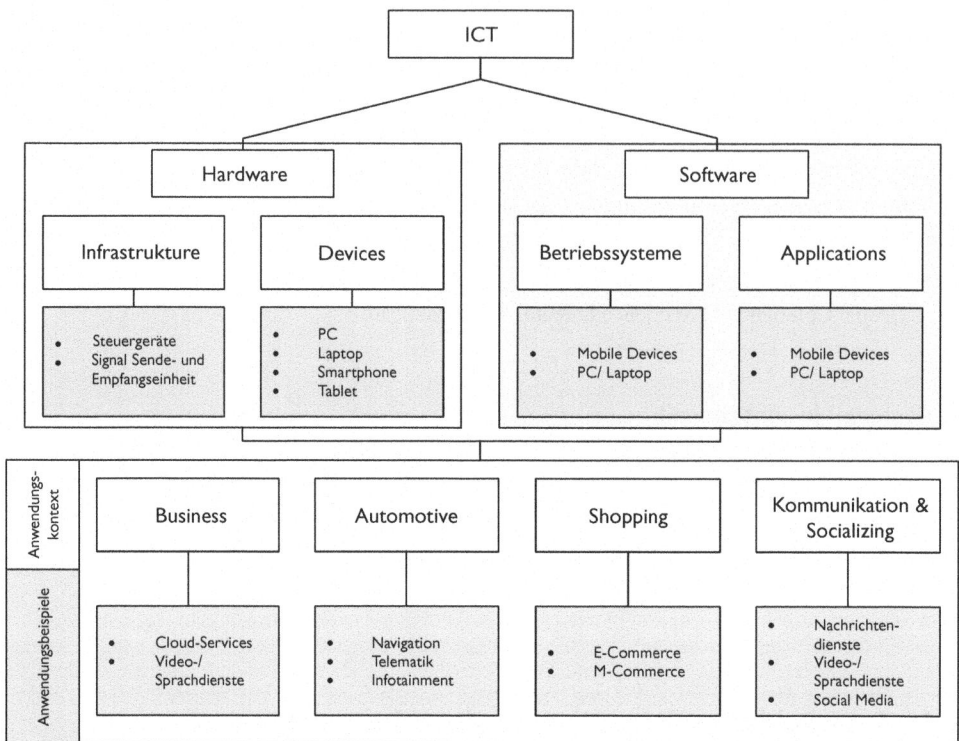

**Abb. 3.21** Illustration elementarer IKT-Bestandteile und mögliche Anwendungsbereiche

geht ohne. Besaß Mitte der 90er-Jahre noch eine kleine Elite von 2,5 Mio. Menschen ein Mobiltelefon, waren 2013 bereits 114 Mio. aktive Mobilfunkverträge in Deutschland registriert. Statistisch gesehen hat folglich jeder Bundesbürger mehr als einen aktiven Mobilfunkvertrag.

Ein ähnliches Bild ergibt sich bei Breitbandanschlüssen. Wurden 2003 noch neun Millionen Breitband-Festnetzanschlüsse gezählt, waren es 2012 bereits 82 Mio. (siehe Abb. 3.22). Beeindruckende Zahlen, die rein statistisch allerdings auch eine allmähliche Marktsättigung vermuten lassen könnten. Wenn jeder Deutsche einen Festnetz- und mehrere Mobilfunkverträge besitzt, so die These, müsste die Versorgungssituation nahezu optimal sein. Den saturierten Anschlusszahlen steht nämlich eine förmliche Nutzungsexplosion beim Datenverkehr gegenüber. So ist die übermittelte Datenmenge über das Breitband im Zeitraum von 2002 bis 2013 von 192 Mio. GB (Giga-Byte) auf rund 5200 Mio. GB gestiegen. Im Mobilfunk ist der Datenhunger von einer Million GB in 2005 auf ca. 140 Mio. GB in 2012 gestiegen (siehe Abb. 3.23). Fazit: Virtuelle Mobilität ist voll im Trend.

Welche Vorteile ergeben sich nun für den Homo Mobilicus aus der Nutzung der IK-Technologien? Wie in unserer Konzeption des Homo Mobilicus erarbeitet, stellt die zeitliche Flexibilität in Bezug auf die Nutzung das wichtigste Alleinstellungsmerkmal der

Anteil der Haushalte mit                                Anzahl aktiver Mobilfunkverträge in Mio.
Internet-/ Breitbandanschluss

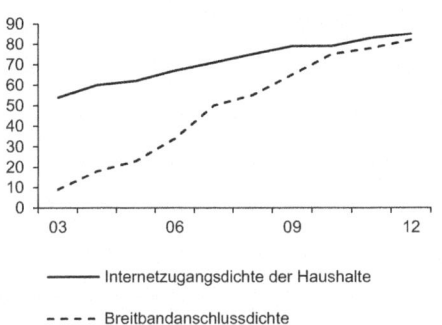

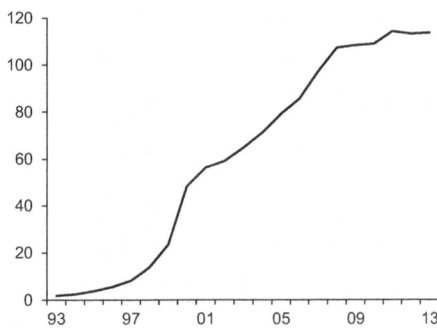

**Abb. 3.22** Entwicklung der Internetzugangs- und Breitbandanschlussdichte von 2003 bis 2012 in Prozent (Europäische Union 2013). Entwicklung der Mobilfunkanschlüsse von 1993 bis Q2 2013 in Millionen. (Bundesnetzagentur 2013)

Datenvolumen im Mobilfunknetz Mio. GB          Datenvolumen im stationären Breitbandverkehr in Mio. GB

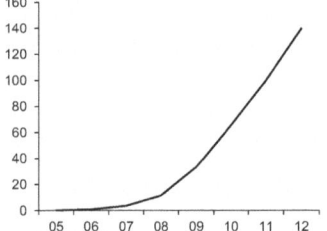

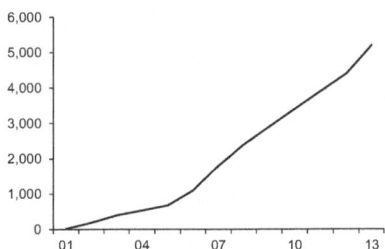

**Abb. 3.23** Entwicklung des Datenvolumens im Mobilfunknetz von 2005 bis 2012 in Millionen Gigabyte (GB) (Bundesnetzagentur 2013). Entwicklung des Datenvolumens im stationären Breitband-Internetverkehr von 2005 bis 2012 in Millionen Gigabyte (GB). (Verband der Anbieter von Telekommunikations- und Mehrwertdiensten e. V. 2013)

IK-Technologien dar. Hierbei stellen unsere Interviewpartner sowohl den Aspekt des Zugriffszeitpunkts heraus, als auch die Möglichkeit, Zeitzonen zu überbrücken. IK-Technologien erlauben Echtzeit-Kommunikation und damit Echtzeit-Mobilität. Über Videotelefonie kann zudem ein realitätsnahes Kommunikationsumfeld geschaffen werden. Als positive Folge des steigenden Anteils mobiler Kommunikationsgeräte wird weiterhin die geographische Unabhängigkeit als Vorteil der IK-Nutzung gesehen. Zentral hierfür ist die Möglichkeit, von überall auf Inhalte zugreifen zu können. Wo es früher einen Express-Service brauchte, um Unterlagen zeitnah von A nach B zu bringen, reicht heute die Einrichtung einer virtuellen Austauschplattform, bspw. Dropbox, um den gleichen Prozess innerhalb von Minuten zu vollziehen. Hier substituieren IKTs in hohem Maße konventionelle Logistikleistungen. Net-Centric Sourcing, die zentrale Datenbereitstellung im Netz,

Anteil der Unternehmen, die
Cloud-Computing bereits nutzen

Umsatzprognose mit Cloud-Computing
bis 2016 in Mrd. €

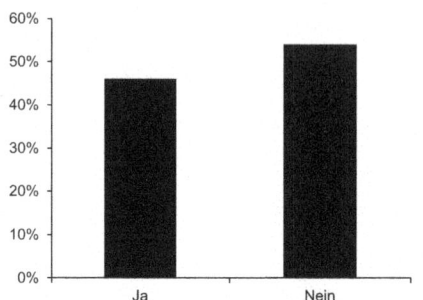

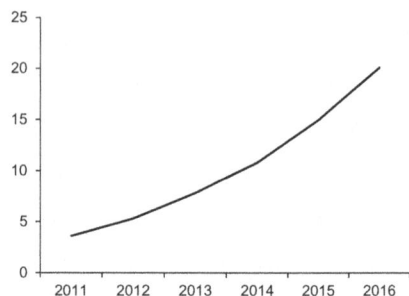

**Abb. 3.24** Anteil deutscher Unternehmen, die 2010 bereits eine Form von Cloud-Computing nutzen in Prozent (Deloitte 2011). Umsatzprognose in Milliarden Euro. (BITKOM 2013)

werden derartige Dienste in der IKT-Industrie genannt. In der Öffentlichkeit werden sie häufig unter dem Überbegriff „Cloud" diskutiert. Clouds werden sowohl von Privathaushalten als auch von Unternehmen gleichermaßen genutzt (vgl. Abb. 3.24). Einer Prognose der BITKOM aus 2013 zufolge wird sich der Umsatz von etwa 5 Mrd. € auf rund 20 Mrd. € bereits im Jahr 2016 entwickeln. Mit Hilfe dieser Cloud-Lösungen wird es dem Kunden zudem ermöglicht, auf persönliche Inhalte jederzeit zuzugreifen, sodass das Angebot im Datenverkehr zu einem gewissen Maß personalisiert werden kann. Jedoch sind mit diesem Service, wie mit allen Individualisierungen, Zusatzkosten verbunden.

- Heutiger „Anschluss" an die Gesellschaft
- Zeitliche und geographische Unabhängigkeit
- Effiziente Art der Informationsgewinnung
- Kein „klassisches" Verkehrsmittel notwendig
- Geringe Kosten im Vergleich zum Personen- und Güterverkehr

### 3.4.2  IKT: Fundament der Kaufhäuser von morgen

IK-Technologien sind Enabler und Beschleuniger des E-Commerce. Hatte der elektronische Handel in Deutschland zur Jahrtausendwende noch einen Umsatz von drei Milliarden Euro, waren es 2012 bereits 30 Mrd. €, 2015 werden 40 Mrd. € Umsatz erwartet. Dabei gewinnt auch das sogenannte M-Commerce zunehmend an Bedeutung. M-Commerce ist eine Sonderform des E-Commerce, bei der der Handel über mobile Endgeräte vollzogen wird. 2015 wird in diesem Segment ein Umsatz von 6 Mrd. € erwartet (siehe Abb. 3.25).

E- und M-Commerce bieten Konsumenten die Möglichkeit, Informationen und Meinungen zu Produkten auch außerhalb von Ladenöffnungszeiten bequem vom Sofa aus einzuholen. Das spart Zeit und gibt Entscheidungssicherheit. Eine Studie des Instituts für

Umsatzprognose für E-Commerce und             Umsatz E-Commerce in Mrd. €
M-Commerce in Mrd. €

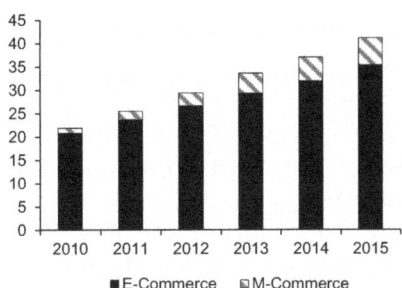
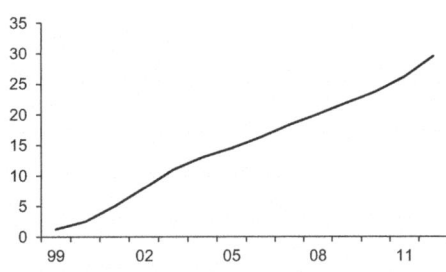

**Abb. 3.25** Umsatzentwicklungsprognose für E- und M-Commerce ab 2010 bis 2015 in Milliarden
Euros (Mücke, Sturm & Company 2011). Umsatzentwicklung im E-Commerce von 1999 bis 2012
in Milliarden Euro. (Handelsverband Deutschland (HDE) 2012)

Handelsforschung Köln in Kooperation mit Shopgate und Paypal zeigt, dass 43 % der
deutschen Smartphone-Besitzer ihr Gerät mehrmals im Monat für Recherchen im Shop-
ping-Kontext verwenden, wobei insbesondere Preisvergleiche und Informationen zur
Verfügbarkeit von Produkten abgerufen werden. Das größte Wachstumshemmnis stellen
aktuell noch Bedenken hinsichtlich Daten- und Zahlungssicherheit dar. Über 30 % der
Befragten nutzen mobile Endgeräte aus Datenschutzgründen nicht für den faktischen Einkauf, bezüglich der Bezahlung äußern fast 50 % der Befragten klare Bedenken. Abhilfe
schaffen dabei spezifische Zahlungsangebote wie Paypal, die dieser Skepsis entgegen-
wirken. Interessanterweise werden Tablet-PCs dabei als deutlich sicherer wahrgenommen
als Smartphones. Offensichtlich wirken das meist heimische Nutzungsumfeld und die damit verbundene Kenntnis des Netzwerks vertrauensbildend (Studie: Mobile Commerce in
Deutschland, IfH – Institut für Handelsforschung GmbH, Köln 2012).

Ebenfalls zeit-, kosten- und datenschutzbasiert argumentieren unsere Gesprächspartner, wobei sich deutliche Unterschiede im Antwortverhalten in Abhängigkeit vom Alter,
vor allem aber von der beruflichen Erfahrung im Umgang mit IK-Technologien zeigen. So
äußern Interviewte, die beruflich stark auf ihr Smartphone angewiesen sind oder waren,
nahezu keine Privacy-Bedenken, wohingegen Interviewpartner, die weniger intensiv mit
dem Smartphone arbeiten, dem M- und E-Commerce eher skeptisch gegenüberstehen.

> Im Moment bestelle ich fast alles online, Lebensmittel, Kleidung, Spielzeug, sonstige
> Gebrauchsgegenstände. Mit einem kleinen Baby schätze ich wirklich die Zeitersparnis, die
> ich dadurch habe. Zwar vermisse ich auch das Einkaufserlebnis, aber momentan ist es für
> mich einfach praktisch.
> *K. v. Weiss:* Mutter von 3 Kindern und langjährige Mitarbeiterin von Ernst & Young
> Grundsätzlich finde ich die Möglichkeiten, die das Internet bietet, sehr interessant. Ich nutze
> sie aber nur eingeschränkt, da ich kein Vertrauen in den Online-Zahlungsprozess habe. Wenn

die Systeme sicherer und für mich nachvollziehbarer wären, könnte ich mir gut vorstellen, mehr online zu bestellen.
*K. Kühn:* Hausfrau

Eine ambivalente Einstellung zum E- und M-Commerce zeigen die Befragten auch in Bezug auf die Zeitersparnis. Hier geben zwar alle Beteiligten an, durch den Wegfall des physischen Einkaufs definitiv Zeit zu sparen, viele sagen aber auch, dass die so gewonnene Zeit durch den deutlich längeren Rechercheprozess überkompensiert wird. Die unbegrenzte Auswahl im Internet: Versuchung und Zeiträuberin zugleich.

Als positives Argument wird ferner auch die Sicherheit genannt, bestellte Waren kostenfrei zurücksenden zu können – eine vertrauensbildende Maßnahme, die in Deutschland über das Fernabsatzgesetz geregelt ist. Diese ist aber gleichzeitig auch Ursache für eine negative Randerscheinung des E-Commerce, bspw. die Retouren-Praktiken bei Kleidungsstücken. An dieser Stelle bietet sich der Brückenschlag zurück zum Mobilitätsbedürfnis des Kunden an. Einerseits wird sein direkter Mobilitätsbedarf mit Hilfe von E-Commerce reduziert, andererseits muss die Ware aber dennoch zu ihm gelangen. Somit verlagert sich das Mobilitätsvolumen von vielen Haushalten auf wenige Logistikdienstleister – ob daraus weniger Mobilitätsbedarf generiert wird, bleibt fraglich. Zudem sind es nicht selten E-Commerce-Vielnutzer, die sich auf Urlaubsfahrten über das hohe LKW-Aufkommen auf den Straßen beschweren. Ein Phänomen, das nicht zuletzt der mangelnden Kenntnis geschuldet ist, welche Logistikströme im Hintergrund von Amazon & Co. ausgelöst werden.

**Customer Insight E- und M-Commerce**
- Zeitlich und geographisch unabhängige Produktinformationen und Rezensionen
- Komfortable und sichere Art des Einkaufs
- Hohe Preistransparenz
- Produkte i. d. R. günstiger als im stationären Geschäft
- Kein „klassisches" Verkehrsmittel notwendig
- Kein zeitlicher Aufwand für etwaige Besorgungsfahrten

### 3.4.3   Videotelefonie und soziale Netzwerke

Skype, Whatsapp und Facebook haben das gesellschaftliche Zusammenleben und die Einstellung gegenüber Mobilität grundlegend verändert. Warum nicht für eine gewisse Zeit ins Ausland gehen – über Skype kann man ja jederzeit mit den Freunden in Kontakt bleiben? Warum nicht den Facebook-Freund in Australien besuchen oder via Google+ ein Klassentreffen organisieren? 2007 waren weltweit 210 Mio. Nutzer bei Skype registriert, 2013 bereits über 670 Mio. Facebook hat weltweit über eine Milliarde Nutzer, davon allein 26 Mio. aktive Nutzer in Deutschland (siehe Abb. 3.26). 

Die Gründe, weshalb Kunden entsprechende Angebote vermehrt nutzen, sind vielfältig. Die Text- und Sprachnachrichtendienste sind zunächst einmal kostenlos und sprechen

Anzahl registrierter Skype-Nutzer (weltweit) In Mio.

Registrierte Facebook-Nutzer in Mio.

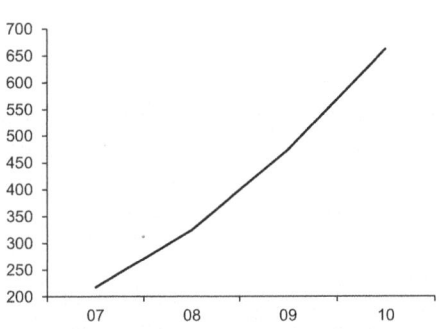

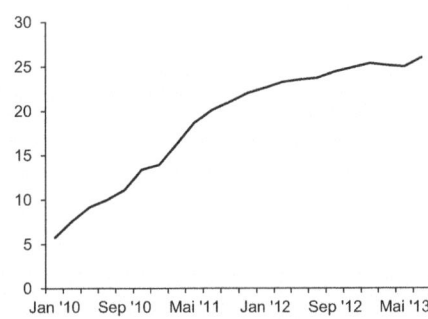

**Abb. 3.26** Entwicklung registrierter Nutzer von Skype in Millionen (Frankfurter Allgemeine Zeitung 2011). Entwicklung der Facebook-Registrierungen von Januar 2010 bis Mai 2013 in Millionen. (allfacebook.de 2013)

damit den Homo Mobilicus direkt an. Auch helfen sie ihm dabei, den Kontakt zu weit entfernt lebenden Freunden oder Familienmitgliedern aufrecht zu erhalten – auf diese Weise tragen soziale Medien unter anderem auch zur Abfederung negativer Auswirkungen berufsbedingter physischer Mobilität bei, von der nicht nur die Berufstätigen selbst betroffen sind, sondern auch ihr soziales Umfeld.

Schließlich ist nicht zu vergessen, dass eine große Vielfalt an Daten durch die Nutzung dieser Dienste mit anderen Nutzern geteilt werden kann. Hierbei verschwimmt nicht selten die private mit der kommerziellen Nutzung der Netzwerke. So werden bspw. Fotos geteilt, um Freunde über den aktuellen Lebenswandel zu informieren. Gleichzeitig dienen derartige Posts aber auch der Positionierung gegenüber potentiellen Arbeitgebern oder Kunden, die in sozialen Netzwerken gezielt nach Informationen über relevante Personen suchen.

Eine kontroverse Diskussion unter unseren Gesprächspartnern ergab sich im Hinblick auf die Frage, inwiefern soziale Medien und Netzwerke physische Mobilität ersetzen können. In vielen Unternehmen werden Geschäftsreisen bereits heute vermehrt durch die Nutzung von Video- und Telefonkonferenzen substituiert. Die Argumente hierfür sind nicht nur rein monetär, sondern vor allem durch die damit erzielte Zeitersparnis begründet. So sind insbesondere Führungskräfte stets auf der Suche nach Möglichkeiten, ihr ohnehin hohes Reiseaufkommen zu reduzieren. Interessanterweise sind es aber auch sie, die auf die Grenzen der sozialen Medien hinweisen. So wird die Videotelefonie als Möglichkeit des Faktenaustauschs gesehen, nicht jedoch als Instrument, intensive und inhaltsgeladene Gespräche mit Kunden oder Mitarbeitern zu führen. Ähnlich äußert sich der deutsche Schauspieler Christian Berkel, der die Möglichkeiten von Skype im beruflichen Kontext eher begrenzt einschätzt:

> Es ist nicht möglich, ein Gespräch mit einem Regisseur über Skype zu führen, weil zu viele
> Kontextinformationen verloren gehen.
> *C. Berkel*: Schauspieler

Grenzen ergeben sich aber auch in Bezug auf andere soziale Medien. So stehen viele Gesprächspartner Facebook zunehmend kritisch gegenüber, was neben Datenschutzgründen speziell auf die kaum mehr zu beherrschende Vielfalt an Informationen und „Mitlesern und -teilern" zurückzuführen ist. Viele Nutzer haben im wahrsten Sinne des Wortes den Überblick über ihre Netzwerkpartner und deren Partner verloren und reduzieren ihre Nutzung der Plattform deshalb auf den Austausch von Belanglosigkeiten. Sven Cappel, Student aus Wiesbaden, sagt in diesem Zusammenhang:

> Wenn einer meiner Freunde auf Facebook seinen Beziehungsstatus verändert, nehme ich das
> zur Kenntnis, kommentiere es aber nicht dort, sondern persönlich oder über ein Messenger-
> Tool. Für wirklich persönliche Dinge nutze ich Facebook nicht.
> *S. Cappel:* Student

Ebenfalls Bedenken, was die Privatsphäre angeht, haben viele Nutzer in Bezug auf Cloud-Lösungen, bzw. internetbasierte Plattformen für den Austausch von Daten. Auch diese Angebote, z. B. Dropbox, werden vielfach genutzt, allerdings eher für den Austausch von Informationen, die nicht sicherheitskritisch sind, bzw. keine privaten Aspekte betreffen. Hier besteht offensichtlich Aufklärungs- und Vermarktungsbedarf.

---

**Customer Insight Videotelefonie und soziale Netzwerke**
- Zeitlich und geographisch unabhängige Nutzungsmöglichkeit
- Hohe Preistransparenz, i. d. R. sogar kostenlose Nutzung
- Teilweise Substitution von tatsächlichem Mobilitätsbedürfnis
- Erleichterung bei der Aufrechterhaltung von Kontakten zu räumlich distanzierten Freunden und Familienmitgliedern

---

### 3.4.4  Close-Up: IK-Technologie im Auto

Neben ihren direkten Nutzungsformen ist IKT in viele Produkte integriert, deren primäre Aufgabe nicht zur Kommunikation gedacht ist. Das Paradebeispiel im Mobilitätskontext ist das Auto, in dem bereits heute der überwiegende Anteil der Telematik über IK-Technologie gesteuert wird. Das populärste Instrument ist das Navigationssystem, auf dessen Dienste sich in Deutschland mittlerweile fast 50 % der Autofahrer verlassen. Ferner sind Fahrerassistenz- und Infotainment-Systeme IKT-basiert. Allein der Umsatz mit Fahrerassistenzsystemen wird in den nächsten sechs Jahren von rund sechs Milliarden auf 16 Mrd. € ansteigen (vgl. Abb. 3.27), womit die Relevanz von IKT im Automobil eindrücklich untermauert wird.

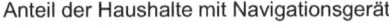

Anteil der Haushalte mit Navigationsgerät    Umsatzentwicklung Fahrerassistenzsysteme in Mrd. €

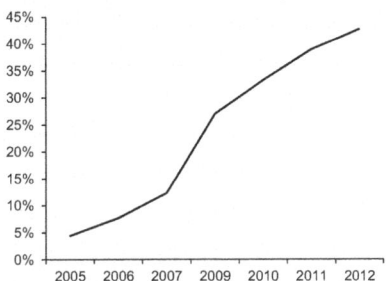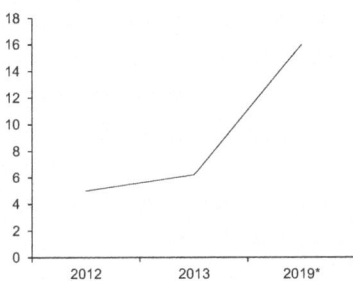

**Abb. 3.27** Entwicklung des Anteils an Haushalten mit Navigationsgeräten von 2005 bis 2012 (Statistisches Bundesamt 2013). Weltweite Prognose der Umsatzentwicklung von Fahrerassistenzsystemen von 2010 bis 2019. (Strategy Analytics & Handelsblatt 2013)

Aus Kundensicht eröffnen sich durch verbesserte IK-Technologien neue Möglichkeiten und Vorteile der Nutzung ihres Automobils. Einerseits erhält der Nutzer durch die Integration von Infotainment-Angeboten Zugang zu sozialen Medien und datenbasierten Musikinhalten, um so die Fahrtzeit so angenehm wie möglich zu gestalten. Andererseits wird er durch Fahrerassistenzsysteme bei der Fahrzeugführung unterstützt, sodass die Fahrzeit parallel genutzt werden kann, um beispielsweise Telefonate zu führen oder Emails zu bearbeiten.

**Customer Insight ICT im Automobil**
- Komfortzuwachs
- Entlastung bei der Fahrzeugführung und Navigation
- Tendenzielle Möglichkeit, die Fahrtzeit anderweitig zu nutzen

## 3.5 Komparatistik

Die vorangegangenen Kapitel gaben über alle Felder des Mobilitätssystems hinweg einen jeweils separaten Einblick. Dabei ist in jedem dieser Felder ein positiver Trend sowohl im Hinblick auf die Nutzungsintensität als auch auf die resultierenden Umsätze klar zu erkennen. Eines sollte dabei klar geworden sein: Mobilität ist gefragter denn je!

Dennoch ist mit Hilfe einer getrennten Betrachtung dieser Systeme weder eine klare Aussage über eventuelle Verschiebungen der Konsumenten-Präferenzen zwischen den vier Mobilitätssystemen noch der Nutzungsformen innerhalb der Systeme zu treffen. Demzufolge werden in den nachfolgenden Abschnitten gezielt Daten aufbereitet, um diesen Sachverhalt näher zu beleuchten. Abbildung 3.28 gibt hierfür einen ersten Überblick, wie sich das Zusammenspiel der vier Mobilitätsfelder darstellt.

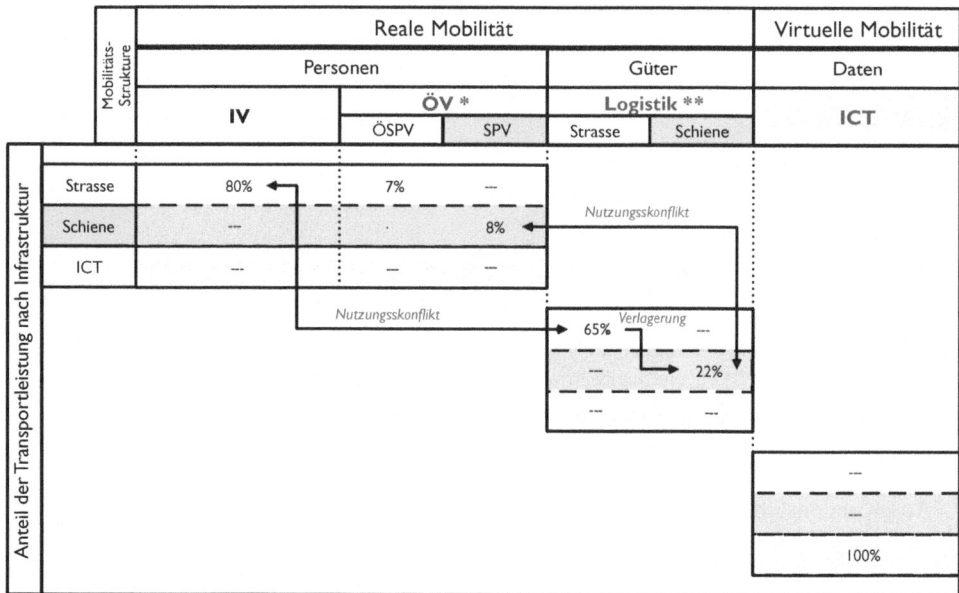

**Abb. 3.28** Struktur und Grundlage der Mobilitätssysteme im Vergleich; Bei der Aufteilung des Personen- und Gütertransports wurden in der Grafik weder Luft- und Seefahrt noch Pipelines berücksichtigt

### 3.5.1  Zentrales Mobilitätsvehikel Automobil

In den bereits vorgängig diskutierten Feldern der Mobilität ist eine generelle Zunahme des jeweiligen Mobilitätsbedarfs festzustellen. Dennoch geht aus der separaten Betrachtungsweise nur schwer hervor, welche absolute Gewichtung jeder der vorgestellten Mobilitätsformen zuzuschreiben ist. Demzufolge werden zum Ende dieses Kapitels die wichtigsten Vertreter der Mobilität gegeneinander verglichen.

Speziell für den Personenverkehr zeichnet sich hierbei ein klares Bild ab: Das Auto ist mit einem Anteil von 80 % an der gesamten Beförderungsleistung die wichtigste Mobilitätsressource im Personenverkehr (siehe Abb. 3.29). Diese Relevanz wird zusätzlich von der stetig steigenden durchschnittlichen Jahresfahrleistung unterstrichen, sodass sich die durchschnittliche Fahrleistung von rund 4500 km in 1985 auf gut 7500 km in 2011 entwickelte (siehe Abb. 3.30).

Dieser eindrücklichen Dominanz des Individualverkehrs ist nach Ansicht einiger Interviewpartner nur schwer entgegenzuwirken. Um künftig aber dennoch eine stärkere Nutzung des ÖV-Angebotes zu realisieren, könnten stärkere Regulatoren des IVs einen wesentlichen Beitrag leisten.

Die Attraktivität des ÖV-Angebots ist durch eine verringerte Attraktivität des IVs durch zusätzliche Regulatoren, bspw. finanzieller Natur, erreichbar.

C. Mahieu: Partner SeestattExperts AG

Anteil der Personenbeförderungsleistung nach Verkehrsmittel von 1995 bis 2010

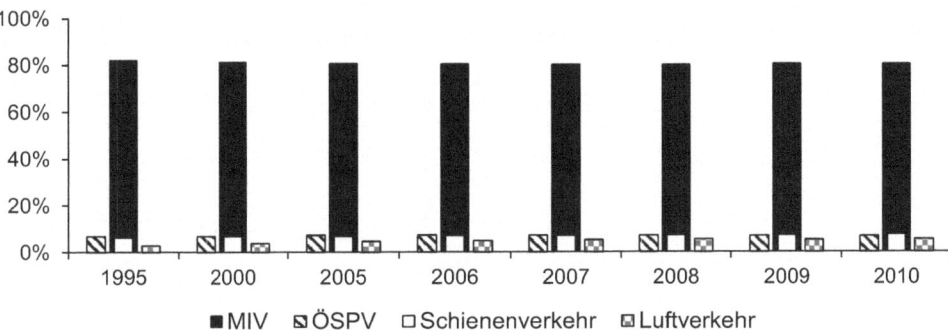

**Abb. 3.29** Anteil der gesamt erbrachten Personenbeförderungsleistung nach Verkehrsmittel von 1995 bis 2010. (Bundesministerium für Verkehr, Bau und Stadtentwicklung 2012)

Durchschnittliche Fahrleistung pro Person und PKW in Kilometer

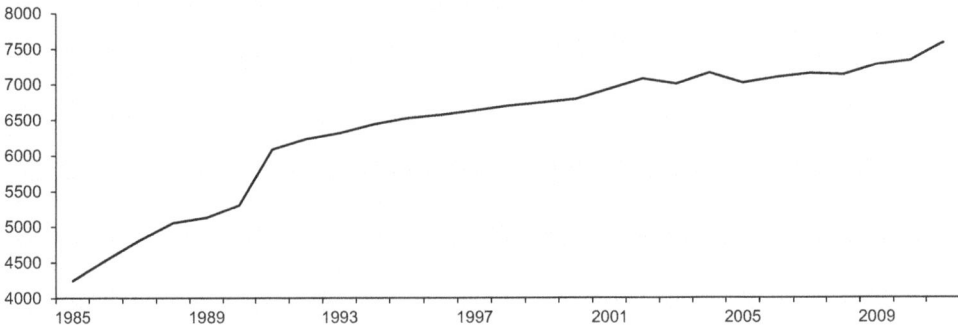

**Abb. 3.30** Entwicklung der durchschnittlichen Fahrleistung pro Einwohner und PKW von 1985 bis 2011 in Kilometer. (Statistisches Bundesamt 2012; Kraftfahrtbundesamt 2012; DIW 2012)

Hinsichtlich der Infrastrukturinvestitionen stellt sich daher jedoch die Frage, weshalb nur etwa 50 % der Gesamtinvestitionen für die Straßeninfrastruktur vorgesehen sind, wenngleich 80 % der Personenbeförderung und knapp zwei Drittel des gesamten Güterverkehrs über die Straße abgewickelt werden (vgl. Abb. 3.31). Dem Urteil unserer Interviewpartner zufolge wird sich dieses Nutzungsverhältnis ohne grundlegende Veränderungen im ÖV auch nicht so schnell ändern:

> Ohne optimale Anbindung an den öffentlichen Personenverkehr und hohe Taktraten bleibt das Automobil Verkehrsmittel Nummer eins im suburbanen Raum.
> *J. Eppeneder:* Landrat Landkreis Landshut

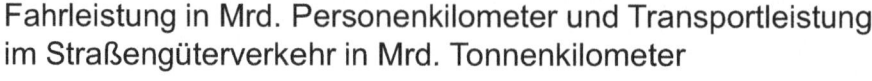

Fahrleistung in Mrd. Personenkilometer und Transportleistung
im Straßengüterverkehr in Mrd. Tonnenkilometer

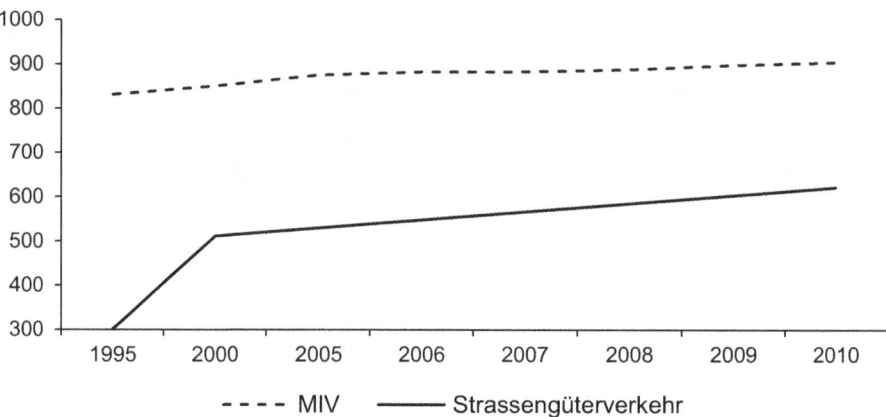

**Abb. 3.31** Entwicklung der Personenbeförderungsleistung im motorisierten Individualverkehr in Milliarden Personenkilometer und Entwicklung der Transportleistung im Straßengüterverkehr in Milliarden Tonnenkilometer. (Bundesverband Güterkraftverkehr Logistik und Entsorgung e. V. (BGL) 2012; Bundesministerium für Verkehr, Bau und Stadtentwicklung 2012)

### 3.5.2  Wachstum der realen und virtuellen Mobilität

Eine oftmals diskutierte Frage ist, ob mit Hilfe der ICT künftig auch ein Teil des anfallenden Mobilitätsbedürfnisses substituiert werden kann. Eine erste Einschätzung, basierend auf aktuellen Nutzungszahlen, spricht jedoch gegen diese Vermutung. Denn obwohl sehr hohe Wachstumsraten insbesondere im ICT-Sektor zu verzeichnen sind, ist nach wie vor eine leichte Zunahme im Straßenverkehr zu registrieren (siehe Abb. 3.32). Demzufolge wäre davon auszugehen, dass das ICT-Angebot das bestehende Mobilitätsportfolio komplementiert, jedoch nicht substituiert.

Aus Sicht der Kunden entspricht dies auch dem typischen Nutzungsmuster: Telefonieren während der Autofahrt, Emails im Zug beantworten und Internetsurfen am Gate.

Es ist ein Trugschluss, dass Technologie Mobilität verändern wird. Das Tempo wird einfach höher
*C. Copetti:* CEO ON AG

Wachstumsraten des Daten- und Straßenverkehres

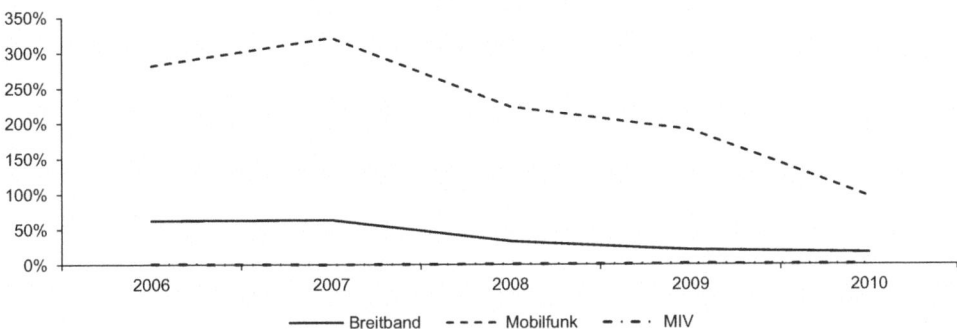

**Abb. 3.32** Entwicklung der Wachstumsraten der Datenvolumen im Mobilfunknetz und im Breit-bandnetz in Deutschland in Prozent von 2006 bis 2010. (Verband der Anbieter von Telekommunikations- und Mehrwertdiensten e. V. 2013; Bundesministerium für Verkehr, Bau und Stadtentwicklung 2013)

## Literatur

Die Welt. (2014). *Fahren bald keine Autos mehr durch die Stadt?*
Die Welt kompakt. (2014). *Rad ab.*
Manager Magazin. (2012). *Silver Surfer entdecken Online-Shopping.*
Manager Magazin. (2013). *Sind die fetten Jahre vorbei? 2. Teil: Facebook statt cruisen.*
Schweizer Bundesamt für Statistik. (2012). *Pendlermobilität.*
Statistisches Bundesamt. (2012). *Berufspendler: Infrastruktur wichtiger als Benzinpreis.*
Statistisches Bundesamt. (2013). *Verkehr auf einen Blick.*
Tagesanzeiger. (2013). *Pendler wollen allein im Auto sitzen.*

# Individuelle Mobilitätsmuster – Was denken Experten und Nutzer?

Die vorangegangenen Kapitel haben einen umfassenden Einblick in unsere Mobilitätssysteme gegeben. Während der Homo Mobilicus ein theoretisches Konstrukt der effizienten Mobilität bleiben wird, spiegeln die aktuellen Statistiken in Kap. 3 unser tatsächliches Mobilitätsverhalten wider. Aber wie denken nun die Nutzer unserer Mobilitätssysteme tatsächlich über die verschiedenen Instrumente der Mobilität? Welche Präferenzen haben die Menschen und warum? Und welche Erwartungen haben sie an die Zukunft der Mobilität?

Wir haben ein interessantes und spannendes Interviewpanel zusammengestellt, um diesen Fragen auf den Grund zu gehen. Unsere Interviewpartner sind zum einen hochkarätige Experten, welche sich aus verschiedenen Blickwinkeln mit dem Thema Mobilität befassen. Zum anderen haben wir Personen befragt, die aufgrund ihrer beruflichen Verpflichtungen ein intensives Mobilitätsaufkommen haben oder spezielle Mobilitätsmuster aufweisen. Hierzu zählen sowohl prominente Personen des öffentlichen Lebens als auch normale Bürger.

Die Ergebnisse zeichnen ein spannendes Bild unseres heutigen Mobilitätsverhaltens und geben interessante Einblicke in die tieferen Strukturen menschlicher Entscheidungsprozesse.

## 4.1 Experten der Mobilität

*Georges Burger: Leiter Straßenverkehrs- und Schifffahrtsamt St. Gallen*
*Dr. Frank Zimmermann: Geschäftsführer cesah GmbH Centrum für Satellitennavigation Hessen*
*Dr. Jürgen Tiedge: Director OneGE Commercial Operations*
*Dr. Peter Kolbe: SBB AG*
*Daniel Landolf: Konzernleitungsmitglied Schweizer Post, Leiter Konzernbereich PostAuto*

© Springer Fachmedien Wiesbaden 2015
S. Henkel et al., *Mobilität aus Kundensicht*, DOI 10.1007/978-3-658-08075-4_4

*Caroline Mahieu: Partner bei SeestattExperts AG, ehemals Leasplan AG*
*Martin Wetzel: CEO Sweetspot AG & Partner bei SeestattExperts AG*
*Hilmar Dunker: Geschäftsführer dunkermedia, Herausgeber Automotive IT und Car IT*
*Christoph Epe: kaufmännischer Geschäftsführer Mennekes-Gruppe*
*Josef Eppeneder: Landrat Landkreis Landshut, Bayern*

## 4.1.1  Georges Burger

### Leiter Straßenverkehrs- und Schifffahrtsamt St. Gallen

▶ Einschränkung der Individualität ist nötig, damit es nicht zu einem Verkehrskollaps kommt

▶ Videokonferenzen stoßen bei der Besprechung von diffizilen oder persönlichen
Dingen an Grenzen

▶ Das volle Potential der IKT ist bei weitem noch nicht ausgereizt – und wird es auch
nicht, solange man sich ein gewisses Maß an Unproduktivität noch leisten kann.

Georges Burger ist Amtsleiter des Straßenverkehrs- und Schifffahrtsamtes des Kantons St. Gallen. Zudem ist er als Vorstandsmitglied der Vereinigung der Straßen-
verkehrsämter, sowie als Präsident der Kommission Bildung aktiv. Seine Karriere
begann Georges Burger als Ingenieur und Entwicklungsleiter bei verschiedenen

regionalen Industriebetrieben sowie bei der Swisscom, bevor ihn sein Weg zunächst in den Polizeidienst führte. Während seiner Tätigkeit im Polizeidienst bekleidete er unter anderem den Rang des Polizeioffiziers und Stabschefs der Kantonspolizei St. Gallen, sowie des Polizeikommandanten des Kantons Appenzell Innerrhoden.

*Herr Burger, welche Bedeutung hat das Auto für Sie?*

Es ist mir sehr wichtig, weil ich auch sehr spontan auf dieses Fortbewegungsmittel angewiesen bin.

*Hat sich Ihr Prioritätenset hinsichtlich der verfügbaren Verkehrsmittel in den letzten Jahren geändert?*

Ja, ich nutze nun etwas öfter den ÖV. Dort, wo es einfacher ist und schneller geht. Für Verbindungen von Stadt zu Stadt nutze ich konsequent die Bahn. Dort kann ich ganz entspannt die ganze Zeit arbeiten.

*Nutzen Sie ICT-Lösungen, wie z. B. Skype, um den physischen Transfer zu ersetzen?*

Sehr, sehr beschränkt. In bestimmten Arbeitsgruppen wird zwar viel über das Extranet abgewickelt, aber dennoch trifft man sich einmal im Monat zu einer physischen Sitzung. Und das, obwohl es überall geeignete Räume mit der benötigten Infrastruktur für Videokonferenzen gibt. Es ist eben eine kulturelle Sache. Man hält halt an der persönlichen Begegnung fest. Insbesondere wenn es sich nicht um regelmäßige Sitzungen in kurzen Abständen handelt, dann sind die bilateralen Gespräche bei einem gemeinsamen Essen schon wichtig. Anders sieht es aus bei regelmäßig wiederkehrenden Sitzungen, deren Mitglieder man gut kennt, da wäre der Einsatz von Video- oder Telefonkonferenzen schon sehr sinnvoll.

**Kennt man die Beteiligten gut, ist eine Videokonferenz sehr sinnvoll**

*Der Bestand an Fahrzeugen wächst nach wie vor in Europa. Wo führt das Ihrer Meinung nach hin?*

Das überrascht mich überhaupt nicht. Nachdem die Autos immer emissionsärmer werden, bremst auch das ökologische Gewissen nicht mehr. Zwangsläufig steuern wir auf einen Kollaps hin. In der Schweiz haben wir die Fläche nicht mehr für einen weiteren Ausbau der Straßen, die Kapazität ist also vorgegeben. Unsere Stadtautobahn z. B. ist immer zu 95–98 % ausgelastet. Da braucht es nur eine kleine Störung und wir haben kilometerlange Staus.

*Gibt es denn aus Ihrer Sicht vernünftige Konzepte, um dieser Herausforderung zu begegnen?*

Ja, sie sind aber zu wenig koordiniert, sowohl national als auch international. Das müsste man viel globaler angehen. Wenn man die Verkehrswege wirklich als dynamisches System betreiben möchte, dann muss man ein System finden, dass sehr vieles automati-

siert. Und hier spielt die Vernetzung der Fahrzeuge untereinander, sowie die Standortbe-
stimmung via GPS eine wichtige Rolle. Dabei denke ich nicht nur an Staumeldungen und
Verkehrsumleitungen sondern auch an die Möglichkeit, Fahrzeuge die die gleiche Route
fahren zu Paketen zusammen zu fassen. Im Bahnverkehr gibt es bereits funktionierende
Systeme, um Züge hintereinander mit kleinen Abständen fahren zu lassen. Sie sind nur
noch nicht effizient ausgelastet.

*Wie sieht es dann mit der Flexibilität aus?*

Ich sehe da weniger ein Flexibilitätsproblem. Ich sehe eher das Problem, dass das Individuum umdenken muss. Man bleibt auf einer Spur, hängt sich an ein Paket an und lässt
sich von der Elektronik leiten. Zwar habe ich dann Einbußen an Flexibilität, aber was nützt
mir die individuelle Lösung wenn ich damit 2 h im Stau stehe.

*Im Bereich Logistik müssen wir ebenfalls mit einem Wachstum rechnen. Wie beurteilen
Sie diese Entwicklung?*

Da gibt es gerade für die Bahn noch Riesenpotenzial. Aber es fehlen die Docking-
stationen und die schnellen Schnittstellen. Die Speditionsunternehmen sind die wahren Logistikprofis, die haben in den letzten Jahren an allen Verkehrsknotenpunkten
riesige Logistikzentren geschaffen, über die sie Waren extrem schnell verteilen können. Das ist mit der Bahn nicht möglich. Bis die Güter vom LKW auf die Bahn ver-
laden sind und die Bahn dann endlich losfährt, ist man mit dem LKW schon die halbe
Strecke gefahren.

*Halten Sie Elektromobilität für eine Zukunftstechnologie?*

Grundsätzlich schon, vor allem im Nahverkehr. Allerdings überzeugt die Energiebilanz
für die Herstellung dieser Batterien nicht. Ich sehe hier Potenzial, aber es wird nur zum
Tragen kommen, wenn die Preise massiv sinken. Im Moment sind es eher Individualisten,
sehr gut Verdienende, die sich das leisten können, aber die breite Masse nicht.

*Hat das Auto noch die Bedeutung als Statussymbol bei der Jugend?*

Was meinen Bereich betrifft so kann ich bestätigen dass, seit fünf oder sechs Jahren
die Zahlen der Führerprüfungen stagnieren. In Gesprächen stelle ich fest, dass 18-Jährige
sagen: „Sorry, erstens hab ich das Geld noch nicht und zweitens ist der ÖV sehr gut ausge-
baut. Für mich reicht das." Ein paar Jahre später machen die meisten dann doch noch einen
Führerschein. Heute wünscht man sich zum 18. Geburtstag dann schon eher das neueste
iPhone oder ein Tablet, damit kann man ja auch bei seinen Freunden sein. Die Treffpunkte
verlagern sich eben ins Internet.

**Heute trifft man sich bei Facebook. Ein eigenes Auto ist dann nicht mehr so wichtig**

*Welches wird in zehn Jahren die größte Veränderung im gesamten Feld der Mobilität sein?*

Ich denke, die größte Veränderung im Bereich Straßenverkehr wird eine Einschränkung der Individualität sein, vielleicht auch durch Zwangsmaßnahmen. Ich denke, das ist
der einzige Weg, um wirklich einen Verkehrskollaps zu vermeiden.

### 4.1.2 Dr. Frank Zimmermann

**Geschäftsführer cesah GmbH Centrum für Satellitennavigation Hessen**

▶ Entscheidend ist die Flexibilität

▶ Zukünftig wird nicht mehr der Besitz eines eigenen Fahrzeugs eine Rolle spielen, sondern der Zugriff auf eine Plattform, die Flexibilität ermöglicht.

▶ Smartphone als Plattform für intermodale Mobilitätslösungen

▶ Flexiblere Arbeitszeiten können eine bessere Verteilung fördern

▶ Satellitennavigation wird entscheidend dazu beitragen Logistikprozesse zu optimieren

Dr.-Ing. Frank Zimmermann ist Geschäftsführer der cesah GmbH Centrum für Satellitennavigation Hessen. Im Auftrag der Europäischen Raumfahrtorganisation ESA betreibt cesah das ESA Business Incubation Centre (BIC) Darmstadt und unterstützt junge Unternehmen und Neugründungen bei der technischen Entwicklung, Realisierung und Markteinführung neuer Produkte und Dienstleistungen mit Bezug zur Satellitennavigation. Als Mitarbeiter der Telespazio VEGA Deutschland GmbH in Darmstadt ist er zudem im Bereich Unternehmensentwicklung zuständig für Entwicklungsprojekte im Bereich Satellitennavigation und deren Anwendung. Dr. Zimmermann ist Lehrbeauftragter an der Universität Stuttgart sowie Mitglied des wissenschaftlichen Beirats der Deutschen Gesellschaft für Ortung und Navigation (DGON) und des Senats der Deutsche Gesellschaft für Luft- und Raumfahrt (DGLR).

*Herr Dr. Zimmermann, welches Mobilitätsinstrument hat in Ihrem Mobilitätsportfolio einen besonderen Stellenwert?*

Für Dienstreisen nehme ich möglichst den Zug. Ich nutze die Zugfahrt als stille „Klause", wo ich dann Dinge tun kann, die sonst im Alltag liegen bleiben. Zum Büro fahre ich entweder mit dem Auto oder der Straßenbahn. In meinem persönlichen Mobilitätsszenario steht die Flexibilität im Vordergrund und was ich während der Reise, wenn sie dann länger ist, noch an Arbeit erledigen kann?

*Das beliebteste Mobilitätsvehikel ist ja nach wie vor immer noch das private Auto. Was wird sich da Ihrer Meinung nach in Zukunft ändern?*

Ich glaube schon, dass sich etwas ändern wird. Generell denke ich, dass der Kostenfaktor eine große Rolle spielt. Um Flexibilität in der Mobilität zu haben, brauche ich aber nicht notwendigerweise ein eigenes Fahrzeug. Ich brauche nur Zugriff auf eine Plattform, die mir Flexibilität ermöglicht. „flinc" z. B. ist eine solche Plattform für Mitfahrgelegenheiten. Sie wird sowohl von Privatleuten als auch von Firmen genutzt und hat mittlerweile über 75.000 Mitglieder. Ich gehe davon aus, und das belegen offenbar auch Studien, dass die Attraktivität, ein eigenes Fahrzeug zu besitzen, nachlassen wird. Wichtig ist, die Flexibilität zu erhalten. Ich möchte in der Lage sein, überall hinzukommen, wann ich das möchte. Und wenn man jetzt fragt, was ist eigentlich heutzutage wichtiger für einen Jugendlichen: das eigene Auto oder das eigene Smartphone? Dann ist es ganz klar das eigene Smartphone.

**Das eigene Smartphone ist heutzutage wichtiger als das eigene Auto**
*Welchen Stellenwert hat Ihrer Meinung nach das Smartphone im Mobilitätskontext?*

Das Smartphone kann zukünftig als Plattform für intermodale Mobilitätslösungen stehen. Da gibt es ja auch heute schon Ansätze. Und ich glaube, dass die IT und insbesondere die Satellitennavigation dazu Werkzeuge liefern kann, das Ganze effizienter und einfacher zu machen, damit man eine intermodale Reise eben auch ad hoc planen und durchführen kann. Und genauso stelle ich mir die Mobilität der Zukunft vor, ich möchte nicht mehr mit jedem einzelnen Verkehrsmittel separat handeln und mir eine eigene Fahrkarte kaufen müssen, sondern ich möchte wissen, wie komme ich von A nach B, möglichst preisgünstig oder möglichst effizient.

*Und welche Rolle spielt dabei genau die Satellitennavigation?*

Eigentlich immer die der Positionsbestimmung. Die Satellitennavigation ist dabei ein Sensor, der es erlaubt, die momentane Position zu bestimmen, und die wird sehr häufig in dieser Wertschöpfungskette gebraucht. Viele neue Mobilitätslösungen basieren auf der Positionsbestimmung, z. B. auch Fahrerassistenzsysteme. Bis diese allerdings für eine intelligente Verkehrsführung nutzbar sind, braucht es erst noch einen entsprechende Ausrüstungsdichte. Hierzu gibt es langfristige Pläne auf EU-Ebene, denn hier müssen Standards und rechtliche Rahmenbedingungen geschaffen werden. Fragen müssen geklärt werden, wie z. B. wer ist schuld wenn das System ausfällt, wie werden Haftungsfälle gehandhabt und wer kümmert sich um welche Infrastruktur?

*Welche Ansätze sehen Sie noch?*

Natürlich ist die flexible Arbeitszeit auch ein Ansatz der eine bessere Verteilung fördern könnte. Ich glaube aber eher, dass eine Reduktion der Fahrzeuge und dafür die Förderung einer flexibleren Nutzung der Verkehrsmittel zielführender sind. Und das erfordert aus meiner Sicht eine intermodale Nutzung der Verkehrsmittel.

*Stichwort Logistik, wohin geht Ihrer Ansicht nach die Entwicklung in diesem Bereich?*

Der Trend geht ja dahin, dass die Produkte eher zu uns kommen als wir zu den Produkten. Und parallel dazu werden sich auch die Werkzeuge entwickeln, die wir benötigen

um diese Produkte zu bestellen, seien es Online-Shops, die entsprechenden Zahlungsmo-
dalitäten oder der Transport. Die Satellitennavigation ist dabei ein wichtiges Hilfsmittel,
denn das Verfolgen von Gütern z. B. mittels GPS ist eine wichtige Komponente, um diese
Logistikprozesse zu optimieren.

*In welchem Umfang werden wir zukünftig physische Mobilität durch Informationstech-
nologie ersetzen?*

Für Vertragsverhandlungen wird man vermutlich immer den persönlichen Kontakt auf-
suchen. Aber es gibt auch sehr viele Gespräche, da ist es gang und gäbe, dass man sich am
Rechner trifft. Ich denke, dass das sehr stark zunehmen wird und es ist auch heutzutage
schon sehr akzeptiert. Telefonkonferenz ist der erste Schritt, der zweite Schritt ist dann
Skype oder eine Videokonferenz.

*Wenn Sie jetzt an einer entscheidenden Stelle Einfluss nehmen könnten, was würden Sie
denn im Feld Mobilität am ehesten ändern?*

Für mich ist am Wichtigsten, dass ich mich als Individuum flexibel bewegen kann. Es
kommt nicht so sehr darauf an, welches Verkehrsmittel ich nutze, sondern es geht darum,
dass ich in einem intermodalen Umfeld flexibel und effizient von A nach B komme und
das möglichst auch ad hoc. Idealerweise kann ich das dann über mein Smartphone organisieren und bezahlen. Damit könnte man auch die breite Masse der Bevölkerung vom
eigenen Fahrzeug wegbekommen, hin zu dem, was sie eigentlich brauchen aus meiner
Sicht, und das ist die Flexibilität in der Mobilität.

### 4.1.3   Dr. Jürgen Tiedge

**Director OneGE Commercial Operations**

▶   Greening der Logistikkette

▶   Zunahme der Home-Delivery Services

▶   Intermodalität fördern

▶   Arbeitszeiten flexibilisieren

▶   Mobilität durch Technik ersetzen

▶   Ansprüche an Komfort und Nutzerfreundlichkeit der Mobilitätslösungen werden steigen

Seit 16 Jahren ist Herr Tiedge bei General Electric in leitenden Funktionen tätigt; derzeit als Commercial Director. Zuvor bekleidete er Rollen im Innovationsmanagement industrieller Märkte sowie verschiedene Positionen als General Manager, Commercial Manager und Vertriebsleiter, insbesondere in Energiemärkten. Vor GE war Herr Tiedge während seiner Promotion zum Dr. rer.pol. an der Humboldt Universität und der WHU in Vallendar/Koblenz beim vorm. Bundesminister Dr. Otto Graf Lambsdorff für dessen unternehmerische Aufgaben zuständig. Herr Tiedge ist diplomierter Wirtschaftsingenieur der TU Berlin und hat zuvor eine kaufmännische Lehre absolviert. Mit seiner Frau Prof. Dr. Christiana Weber-Tiedge und ihren sechs Kindern lebt Herr Tiedge in Hamburg.

*Herr Dr. Tiedge, Wie sind Sie hierhergekommen?*
Ich bin heute mit dem Zug gefahren, weil ich konzentriert arbeiten musste. Während des Reisens kann ich mich sehr gut abkapseln.
*Welchen Stellenwert haben andere Mobilitätsvehikel für Sie?*
Ich bevorzuge die Bahn, weil ich entweder fürchterlich langweilige Strecken mit dem Auto zu fahren hätte oder im Stau stehen würde. Im Flugzeug stört mich die viele ungenutzte Zeit.
*Wie hat sich Ihr Prioritätenset in den letzten Jahren geändert?*
In beruflichen Dingen hat sich nicht viel geändert. Im Privaten hat sich geändert, dass ich relativ intensiv auf Carsharing-Konzepte zugreife. Auch auf Geschäftsreisen im Ausland nutze ich Carsharing.
*Besitzen Sie noch ein eigenes Auto?*
Wir haben zwei Autos, überlegen aber gerade, das zweite zu verkaufen, und dann noch mehr auf Carsharing zu setzen. In Hamburg gibt es natürlich auch ein entsprechend großes Angebot an Carsharing-Standorten.

*Grundsätzlich ist die Nutzung des Autos, gerade auch in urbanen Zentren, nach wie vor sehr hoch. Wie lassen sich die dadurch entstehenden Probleme zukünftig lösen?*

Hier sehe ich drei Ansätze: Das eine ist die zeitliche Flexibilisierung von Nutzen und Nachfrage. Ich persönlich fahre vor oder hinter der Welle und kann mir das durch meine Arbeitsbedingungen auch leisten. Das können viele andere nicht oder noch nicht. Ich glaube, dass man dort viel entkrampfen kann, indem man das Kernarbeitszeit-Gedrängel auf den Straßen auflöst.

Das zweite ist das ganze Thema Intermodalität. Ich bin so ein Intermodalitätstyp. Ich versuche vorher drüber nachzudenken, wann nehme ich die S-Bahn, wann das Auto, wann den Flieger und wann den Zug. Ich glaube, wenn ich Stauvermeidungs- und Stressvermeidungsstrategien fahren will, dann muss ich selbst auch als Nutzer Intermodalität besser verstehen und komfortabel nutzen können. D. h. es muss eigentlich idealerweise die One-Fits-All User-Card geben. Das wäre ein enormer Trend weil es User-Convenience erzeugt und Leute da abholt, wo sie sich heute aufhalten, auf dem Display ihres Mobiltelefons. Solche Konzepte sollten möglichst einfach zu verstehen und angenehm in der Anwendung sein

**In vielen Menschen schlummert die Sehnsucht nach einem zentralen Sorgenbefreier**

Punkt drei ist die Vermeidung von Mobilität. Ich habe oft Video-Sitzungen mit zwölf globalen Standorten. Hier nutze ich beispielsweise für das Gespräch mit mehreren verteilten Standorten zunehmend Videokonferenzen. Es ist beeindruckend, was da mittlerweile technisch alles geht und selbst wenn Sie für so ein System 1 Mio. € ausgeben pro Standort, haben Sie über die Einsparung an Reisekosten immer noch einen großen Nutzen.

*Sehen Sie in diesem Zusammenhang auch das Thema „Homeoffice"?*

Ja, sicher, aber ich sehe im Homeoffice nicht die Lösung des Mobilitätsproblems.

*Der ganze Online-Versandhandel ist ja sehr stark am wachsen. Wo führt das Ihrer Meinung nach hin?*

In der Logistik wird es meiner Meinung nach zwei Phänomene geben: Das eine ist der Trend zu einem „Greening" der Logistikkette. Das bedeutet, wenn ich als Nutzer etwas Grünes will, dann ist es für mich wichtig, dass die Logistikkette, die zu mir hinführt, auch grün ist. Das zweite ist der Trend zur steigenden Nachfrage nach Home-Delivery. Hier ist es wichtig, die intelligentere Verzahnung von Logistik zu fördern. Am Ende des Tages wird das Volumen bei logistischen Leistungen sehr stark anwachsen und ich bin sozusagen Teil des Problems.

*Wenn man das gesamte Feld Mobilität betrachtet, was wird aus Ihrer Sicht zukünftig die größte für uns wahrnehmbare Veränderung sein?*

Das ganze Thema „Convenience of Travel" wird immer wichtiger, sowohl im Sinne des Reisekomforts als auch für mich als User im Sinne der Endanwendung, die ich auf dem Mobiltelefon habe oder vielleicht im Display im Auto. Die Erwartungshaltung der Menschen ist heute eine andere. Wir sind es gewöhnt, dass alles nur einen Mausklick entfernt ist. Die heutigen Mobilitätslösungen können damit nicht Schritt halten. Sinnvoll wäre aus meiner Sicht die One-Fits-All-Anwendung. Z. B. könnte es ein Pay-per-Use-Konzept geben, d. h. ich zahle nicht mehr transaktional für Einzelnutzung, sondern erhalte eine Mobilitätsrechnung über alle Verkehrsmittel am Monatsende.

**Wir sind es gewöhnt, dass alles nur einen Mausklick entfernt ist**
*Wenn Sie an entscheidender Stelle Einfluss auf das ganze Mobilitätssystem nehmen könn-
ten, was würden Sie tun?*

Ich würde die tatsächlichen Kostenstrukturen transparenter machen und jeden Verkehrsträger und jeden Nutzer mit den Kosten seiner Nutzung und seiner Infrastruktur belasten. Ich glaube, die natürliche Verteilung von Verkehrsträgern wäre anders, wenn es
nicht so viel Lobbying gäbe für den Vektor Straße. Wenn man das ändern würde, hätte
man weniger verzerrende Quersubventionen und würde stärker den Endverbraucher bestimmen lassen, wie er es eigentlich haben will.

### 4.1.4   Dr. Peter Kolbe

**SBB AG**

▶   Darstellung des Gesprächspartners bei Videokonferenzen erleichtert die
    Gesprächsführung

▶   Individualverkehr und Öffentlicher Verkehr werden sich zukünftig immer wei-
    ter annähern

▶   Firmen müssen Anreize schaffen für flexible Arbeitszeiten

▶   Kundenbedürfnisse sind die Treiber für neue Logistikkonzepte

Dr. Peter Kolbe ist Senior Projektleiter in der Unternehmensentwicklung des Personenverkehrs der Schweizerischen Bundesbahnen (SBB AG). In den letzten
zweieinhalb Jahren hat er verschiedene strategische Projekte geleitet und die Regu-
lationsarbeit der Division Personenverkehr verantwortet. Bevor er zur SBB ging

war er in einer Unternehmensberatung und an der Universität St. Gallen als wissenschaftlicher Mitarbeiter tätig. Während seines Promotionsstudiums war er Gastforscher an der University of Pennsylvania.

*Herr Kolbe, welches Verkehrsmittel ist Ihnen besonders wichtig?*

Das Verkehrsmittel meines Alltags ist der Bus. Für längere Strecken nutze ich den Zug und ergänzend nutze ich bei Bedarf Carsharing. Ich habe ein General-Abonnement und kann damit den gesamten ÖV flexibel nutzen.

*Worin sehen Sie den größten Vorteil dieses Mobilitätsportfolios?*

Der ganz große Vorteil ist die Kostenersparnis. Ich habe keine Kosten für Versicherung, Parkgebühren etc. Da ich keine Familie habe und meistens von Stadt zu Stadt fahre, bin ich nicht auf das Auto angewiesen. Außerdem kann ich die Zeit im ÖV produktiv nutzen.

*Nutzen Sie auch ICT-Lösungen anstelle der physischen Mobilität?*

Nein. In meinem beruflichen Kontext sind Meetings schwer über ICT-Lösungen abzuwickeln, da die Themen zu komplex sind. Ich versuche allerdings, wenn möglich, Meetings durch ein Telefonat zu ersetzen. Sollten ICT-Lösungen zukünftig stärker eine Rolle spielen, ist es aus meiner Sicht wichtig, dass die Technik eine 1:1-Darstellung des Gesprächspartners ermöglicht. Nur dann wird das Gegenüber wirklich richtig wahrgenommen und kann das persönliche Gespräch ersetzen.

*Wohin führt Ihrer Meinung nach die nach wie vor steigende Anzahl an Fahrzeugen auf unseren Straßen?*

Das Bedürfnis nach Mobilität steigt weiterhin an. Die Leute finden kaum Wohnraum in der Stadt und müssen in die Agglomeration ziehen. Dadurch nimmt natürlich das Bedürfnis nach Mobilität zu. In Zukunft wird es deshalb intelligente Systeme geben, die Autos zusammenfassen und lenken können. Somit würden sich der Individualverkehr und der öffentliche Verkehr immer weiter annähern. Das Auto würde einige Vorteile des Bahnfahrens übernehmen.

*Was ist Ihrer Meinung nach ein gutes Steuerungsinstrument, um der Verkehrsdichte zu begegnen?*

Wie es scheint, ist der Preis kein wirklich gutes Steuerungsmittel. Es braucht schon hohe Anreize positiv wie negativ, um die Menschen dazu zu bringen zu anderen Zeiten, als den Stoßzeiten zu fahren. Es gibt firmeninterne Projekte bei denen Arbeitszeiten gefördert werden, die nicht in den stark ausgelasteten Zeitfenstern liegen. So verlagert sich auch die Mobilität weg von den Spitzenzeiten.

*Wie sehen Sie die Entwicklung im Bereich der Logistik?*

Da werden wir hohe Zuwachsraten sehen und das stellt auch die Bahn als Mobilitätsanbieter wieder vor neue Herausforderungen. Uns stellt sich die Frage wie wir die Bedürfnisse der Kunden mit ihrem Mobilitätsverhalten, bzw. mit ihrer Reisekette verknüpfen können. Eine Möglichkeit ist, Angebote zu schaffen, Waren und Pakete am Bahnhof in Empfang zu nehmen, wie z. B. unsere Kooperation mit Le Shop. Man bestellt online und holt seine Lebensmittel auf dem Rückweg vom Büro am Bahnhof ab. Oder man bestellt sich etwas an den Ort, an dem man es braucht, bspw. ein Geschenk und holt es auf dem Weg zu einer Einladung am Bahnhof ab.

**Man muss die Bedürfnisse der Kunden mit ihrem Mobilitätsverhalten verbinden**
*Wie sehen Sie die Zukunft des Autos?*

Wir werden ökonomische Autos haben, die mit wenig Treibstoff auskommen und dadurch sehr umweltfreundlich sind, aber gleichzeitig den Vorteil bieten, dass man flexibel ist, und nicht darauf angewiesen ist, etwas zu planen. Und dann wird natürlich der öffentliche Verkehr wieder herausgefordert sein, wenn das Umweltargument wegfällt. Allerdings wird auch das Bedürfnis nach dem eigenen Auto geringer werden und da sehe ich Carsharing ganz groß im Kommen. Das Mieten ist heute so unkompliziert, dass es sich schon fast wie das eigene Auto anfühlt.

**Das Mieten ist heute so unkompliziert, dass es sich schon fast wie das eigene Auto anfühlt**
*Wenn Sie an einer entscheidenden Stelle Einfluss nehmen könnten, was würden Sie in dem Gesamtfeld Auto- oder Mobilität machen?*

Ich denke es müsste eine klare Priorisierung aus gesamtwirtschaftlicher bzw. gesamtpolitischer Sicht geben, für die verschiedenen Verkehrsträger und -wege. Nur dann kann man die Ressourcen auch konzentriert und zielführend einsetzen.

### 4.1.5   Daniel Landolf

**Mitglied der Konzernleitung Schweizer Post, Leiter Konzernbereich PostAuto**

▶    Bei den Jugendlichen nimmt das Bedürfnis nach Privatsphäre ab, dafür nimmt die Extrovertiertheit zu.

▶   Nutzung des ÖPNV wird durch Preisdifferenzierung besser verteilt, um Eng-
    pässe auszugleichen.

▶   Flexibilisierung der Arbeitszeiten kann Entlastung für den ÖPNV bringen.

▶   Sinnvoll wäre ein Tool für die Vernetzung von Mobilitätsinstrumenten.

Herr Landolf war nach seinem Studium der Betriebswirtschaftslehre an der Universität Bern bei der Credit Suisse im Devisenhandel tätig, ehe er zu den Schweizerischen Post-, Telefon- und Telegrafenbetrieben wechselte. Nach verschiedenen
Stationen wurde Herr Landolf 1998 zum CEO der PostAuto Schweiz AG berufen
und ist seit 2001 Mitglied der Konzernleitung der Schweizerischen Post.

Darüber hinaus bekleidet Herr Landolf das Amt des Vorstandes des Schweizerischen Verbandes für öffentlichen Verkehr, der Schweizerischen Verkehrswirtschaft-
lichen Gesellschaft und der LITRA Informationsdienst öffentlicher Verkehr.

*Wie schätzen Sie die Entwicklungen im Hinblick auf die Mobilität und das eigene, indivi-
duell genutzte Fahrzeug ein?*
Ich denke, dass die individuelle Mobilität auch in Zukunft einen Grundstellenwert haben wird. Allerdings wird der Besitz des eigenen Autos, auch im Sinne eines Statussymbols, tendenziell abnehmen. Die Nutzung eines Autos wird weiter steigen, allerdings in
einer anderen Form, bspw. durch privates Carsharing. Ich bin der Auffassung, dass das
Ganze zusammenwächst. Der Übergang von ÖV und Individualverkehrsangeboten wird
fließend.

**Heute sehen wir die verschiedenen Mobilitätsangebote immer mehr als Gesamtsys-
tem**
*Wie könnte eine solche Vernetzung der Mobilitätsformen aussehen?*
Das hängt natürlich von verschiedenen Determinanten ab, z. B. die Länge der Reise
oder auch die Geographie, findet sie im städtischen, urbanen oder eher im ländlichen Gebiet statt. Daraus ergeben sich dann verschiedenste Alternativen der Reiseplanung. Hier
sehe ich den Ansatz der kombinierten Mobilität. Ich habe ein Reisebedürfnis und ein ent-
sprechendes Tool, welches mir verschiedene Varianten dieser Reise aufzeigt.
*Glauben Sie, dass die Nutzer die ausreichende Flexibilität mitbringen, sich auf ver-
schiedene Kombinationen einzulassen und auch den nötigen Planungsvorlauf in Kauf
nehmen?*
Das ist sicherlich abhängig vom Zweck der Reise. Grundsätzlich denke ich, je besser
die einzelnen Mobilitätsmittel miteinander vernetzt sind, desto geringer ist der Planungs-
aufwand. Ganz wichtig dabei sind natürlich die Zuverlässigkeit und die schnelle Verfügbarkeit der Reiseplanung. Grundsätzlich planen wir aber unsere Mobilität auch heute
schon.

**Eine Fahrt ins Blaue, das kennt heute kaum jemand mehr**

*Das Auto wird immer weniger als Rückzugsort und Bezugsobjekt verstanden. Sehen Sie da eine Art Generationenwechsel?*

Ja, absolut. Jugendliche haben heute ein viel geringeres Bedürfnis nach Privatsphäre, gleichzeitig gibt es eine Tendenz zu mehr Extrovertiertheit. Man öffnet sein Leben nach außen, teilt sich mit über soziale Netzwerke. Diese Entwicklungen haben Einfluss auf die Mobilität dieser Generation. Das Bedürfnis nach einem eigenen Gefäß, in dem man sich geborgen fühlt, ist dann vielleicht nicht ganz weg, hat aber eine andere Qualität bekommen. Im Alltag ist Mobilität das Mittel zum Zweck und muss den Anforderungen an zeitlicher und monetärer Effizienz genügen, in der Freizeit will ich eher Spaß an der Mobilität haben und das Auto ist dann eher ein Genussobjekt.

*Wie sehen Sie denn die Entwicklungen im Öffentlichen Verkehr?*

Wir stoßen, vor allem im Berufsverkehr zu Stoßzeiten teilweise an die Kapazitätsgrenzen. Viele ÖV-Nutzer sind sogenannte Captive Riders, die können vielfach gar nicht mehr auf Alternativen umsteigen, da der ÖV sie gerade im Berufsverkehr einfach am schnellsten und zuverlässigsten ans Ziel bringt. Ein gezieltes Mobilitätsmanagement durch geeignete Anreize wird in den nächsten Jahren immer wichtiger werden, um die weiter wachsenden Personen- und Verkehrsströme zu beherrschen und weiterzuentwickeln.

**Ein gezieltes Mobilitätsmanagement durch geeignete Anreize wird in Zukunft noch wichtiger**

*Welche Lösungsansätze sehen Sie für dieses Problem?*

Eine Möglichkeit wären neue Arbeitszeitformen. Es muss Anreize geben, sich zu günstigeren Zeiten zu verschieben. Günstigere Zeiten können dann auch durch günstigere Tickets gekennzeichnet sein. Es wird also eine Preisdifferenzierung im ÖV nach Auslastungsgrad geben. Eine andere Möglichkeit liegt in der Prüfung der Frage, ob ein Transfer überhaupt nötig ist. Man wird vielleicht zu ausgewählten Zeiten zusammenkommen, in der restlichen Zeit ist man dann eine Einzelperson, die ihre Arbeit macht. Damit wären hohe Einsparungen im Bereich des ÖV möglich, denn das System ist auf die Tagesspitzen ausgerichtet. Ebenso wären solche Maßnahmen im Individualverkehr denkbar, bspw. durch Mobility Pricing.

*Welchen Stellenwert haben ökologische Argumente bei der Wahl des Verkehrsmittels?*

Wir stellen fest, dass dieses Argument langsam davonschwimmt, da der Schadstoffausstoß im Individualverkehr sehr stark reduziert werden konnte. Es ist höchstens noch das Argument der Energieeffizienz, denn ein Gefäß, das mehrere Leute transportiert ist natürlich energieeffizienter eingesetzt als ein individuelles Fahrzeug.

*Wie schätzen Sie die Entwicklung im Bereich der Logistik ein?*

Ich bin überzeugt, dass das zunehmen wird. Bei der Paketpost haben wir sehr gute Zuwachszahlen. Aber es wird auch zunehmend Konkurrenz kommen. Wir stellen fest, dass Firmen wie Amazon oder Zalando ihre Dienstleistungskette ausdehnen und selbst zum Logistiker werden. Also, heute Kunde, morgen Konkurrent der Post.

### 4.1.6   Caroline Mahieu

**Partner bei SeestattExperts AG**

▶   In den Städten wird es mehr Restriktionen für Autos geben.

▶   Ein Zubringer in die Stadt mit kurz frequentierten Verbindungen könnte ein adäquater Ersatz für das eigene Auto sein.

▶   Um die Mobilität auch in Zukunft gewährleisten zu können, muss das Individuum Abstriche machen.

Nach dem Studium der Sprach- und Übersetzungswissenschaften besuchte Frau Mahieu parallel zu ihrem beruflichen Werdegang die Executive-School der Universität St. Gallen, wo sie erfolgreich ihr Diplom in Wirtschaftsrecht absolvierte und am Executive MBA teilnahm.

Ihre berufliche Karriere führte Frau Mahieu über diverse leitende Positionen im Leasing und Fuhrparkmanagement zu ihrer heutigen Tätigkeit als Partner bei SeestattExperts.

*Wie sehen Sie die Zukunft des Automobils?*

Das hängt sicher sehr stark von den Bedürfnissen und dem Zweck des Einsatzes ab. Die Bedürfnisse der Unternehmen sind ganz klar: mit möglichst tiefen Kosten, möglichst effizient, schnell ans Ziel kommen. Und da sehe ich nach wie vor das klassische Fahrzeug an erster Stelle. Für Unternehmen wird es immer um Leistung gehen und um Kapazität im Sinne von Ladeflächen.

*Werden wir das Auto in 15 Jahren noch in dieser Form nutzen?*

Man wird in Zukunft einfach mehr Alternativen haben. Man kann sowohl zwischen Antriebstechnologien wählen als auch zwischen den Optionen Mieten oder Besitzen. Man wird sich immer mehr fragen, warum muss ich mein Fahrzeug auch in der Zeit finanzieren in der es nur rumsteht.

*Worin sehen Sie denn die Nachteile des Autos im Vergleich zu anderen Verkehrsmitteln?*
Die vermeintliche Freiheit, die das Auto bietet, hat ihren Preis bekommen. Verstopfte Straßen kosten Zeit und Nerven.

*Sehen Sie denn in absehbarer Zeit realisierbare Möglichkeiten, dieses Problem anzugehen?*
Ich glaube, dass die Technologie brauchbare Lösungen bereithält, insbesondere wenn es darum geht, Mobilität zu ersetzen. Videokonferenzen, Skype aber auch Cloud Computing werden zukünftig in vielen Fällen erübrigen, dass man sich noch Face-to-Face treffen muss. Und die Entwicklungen, die in dem Bereich noch auf uns zukommen werden, halten unheimlich großes Potenzial bereit. Hinzu kommen die Veränderungen des klassischen Arbeitsmodells. Immer mehr Menschen wohnen multilokal, d. h. sie wohnen nicht mehr dort wo sie arbeiten und am Wochenende sind sie nochmal woanders. Die Menschen suchen nach Möglichkeiten, ihr Leben möglichst optimal multilokal zu gestalten und dabei spielt Mobilität eine entscheidende Rolle, aber auch die flexible Gestaltung der Arbeitszeiten.

**Die Menschen suchen nach Möglichkeiten ihr Leben möglichst optimal multilokal zu gestalten**
*Immer schnellere und billigere Verbindungen sind ein Treiber dieser Multilokalität. Denken Sie, dass sich dieser Trend weiter fortsetzen wird?*
Die Welt ist ein wenig wie ein Dorf geworden. Wenn man sich vor Augen führt wie selbstverständlich wir heute innerhalb eines Tages von Land zu Land reisen. Ich glaube, dass der Mensch nicht so schnell auf diese Freiheiten verzichten wird, es sei denn, es wird unerschwinglich. Man macht sich heute wesentlich mehr Gedanken darüber, wann bin ich wo, zu welchem Zweck und wie komme ich am effizientesten dahin. Und wie kann ich, nicht nur was Mobilität sondern auch das Wohnen anbelangt, mich am effizientesten auch organisieren?

**Wir verbringen heute viel Zeit damit unsere Mobilität zu organisieren**
*Wie sehen Sie denn die Perspektiven für den öffentlichen Verkehr?*
Ich glaube, dass man die öffentliche Infrastruktur durchaus attraktiver machen könnte, wenn man die anderen Alternativen – und da ist das Fahrzeug noch immer an erster Stelle – weniger attraktiv macht, bspw. durch Mobility Pricing oder City-Maut. Das sind Maßnahmen, die bereits wirksam eingeführt wurden.

*Denken Sie denn, dass in längerfristiger Zukunft unsere Städte autofrei sein werden?*
Es wird auf jeden Fall vieles dafür getan, vor allem auch vor dem Hintergrund des immer knapper werdenden Wohnraums in den Städten. Parkplätze müssen dafür vermehrt weichen. Total kann man das Fahrzeug natürlich nicht verbannen, da es auch immer noch Transportdienste geben wird.

*Wie beurteilen Sie denn die Entwicklungen im Bereich des Transportwesens?*
Ich denke, dass sich da durchaus Effizienz realisieren ließe, um die generelle Verstopfung in Städten zu erleichtern. Es wäre sinnvoll, wenn man sich auf gewisse Zeiten fokus-

sieren würde und Lieferungen nach einem System durchführen würde, sodass man bspw. den Verkehr zu den Stoßzeiten entlasten würde.

*Wenn Sie an entscheidender Stelle Einfluss nehmen könnten auf das ganze Verkehrs- und Mobilitätssystem, in der Schweiz oder auch darüber hinaus. Was würden Sie ändern?*

Ich würde versuchen, auf geopolitischer Ebene die Rahmenbedingungen so zu gestalten, dass es nachhaltige Lösungen für die Wirtschaft und für die Gesellschaft geben kann, die besser aufeinander abgestimmt sein würden, auch international. Es müsste eine Stoßrichtung geben, was Mobilität überhaupt anbelangt, was Klimathemen diesbezüglich anbelangt und wie wir mit Ressourcen zukünftig umgehen wollen.

### 4.1.7 Martin Wetzel

**CEO Sweetspot AG & Partner bei SeestattExperts AG**

▶    Wenn in der 1. Klasse jeder Platz besetzt ist, ist das nicht mehr 1. Klasse.

▶    Die Bahn ist so ein Insiderfahrzeug. Man muss sich wirklich auskennen.

Herr Wetzel war seit Anfang der 90er in der Funktion als Marketing-Leiter bei verschiedenen international tätigen Unternehmen tätig, zuletzt bei Schindler. Aktuell ist Herr Wetzel als Gründer und CEO seiner eigenen Beratung Sweetspot AG aktiv und ist Partner bei der SeestattExperts AG in Zürich.

*Wie sieht Ihre persönliche Prioritätenliste für Fahrzeuge aus?*

Das Auto steht bei mir ganz klar auf Platz eins, dann Flugzeug, Bahn und die Nahverkehrsmittel. In der Freizeit gesellt sich das Motorrad dazu.

*Welche Vorteile hat das Auto für Sie?*

Meine Termine sind oft eng getaktet, da brauche ich die Flexibilität. Außerdem schätze ich die Privatsphäre im Auto. Ich kann ungestört meinen Gedanken nachgehen und erledige viele Telefonate während der Autofahrten. Das ist so ein Modus, in dem man Dinge Revue passieren lassen kann. Wie beim Duschen – man kommt auf Gedanken, die im Alltagsprozess keine Chance hätten.

*Welche Entwicklung sehen Sie im Bereich des Individualverkehrs?*

Heute kann sich fast jeder ein eigenes Auto leisten und deshalb ist es schwierig, den Verkehr einzudämmen. Es ist auch nicht genügend Leidensdruck da, um eine Denk- und Verhaltungsänderung herbeizuführen. Es wird daher in den Städten noch mehr Restriktionen, wie z. B. ein reduziertes Parkplatzangebot geben. Das kann auch funktionieren. Was nicht funktioniert sind steigende Spritkosten.

*Denken Sie, dass Maßnahmen, um Städte unattraktiver für Autos zu machen, richtig sind?*

Grundsätzlich finde ich es richtig. Aber es braucht dann ein Angebot, bei dem wir vor der Stadt parken können und dann gleich gut oder besser, z. B. luxuriöser oder komfortabler in die Stadt kommen.

*Wie könnten solche Lösungssysteme aussehen?*

Man braucht in jedem Fall kurz frequentierte Verbindungen, die man eben nicht mit dem Fahrplan planen muss. Dies bedingt natürlich additive Kapazitäten. Hier könnte ich mir den Einsatz hängender Bahnsysteme vorstellen, deren Trassen über bestehenden Straßen liegen könnten.

**Eine Schwebebahn mit der man über den Stadtverkehr rauscht, fände ich ideal**

*Spielen ökologische Aspekte eine Rolle bei Ihrer Wahl eines Mobilitätsvehikels?*

Sie spielen keine Rolle bei der Entscheidung zwischen Auto oder Bahn. Sie spielen aber eine Rolle bei der Wahl eines bestimmten Autos.

*Welchen Stellenwert haben das Flugzeug und die Bahn für Sie?*

Beim Fliegen gilt nur der Distanzaspekt, ich würde nicht fliegen, wenn ich nicht müsste. In der Bahn kann ich arbeiten und genießen. Der Nachteil sind die verbindlichen Zeiten und der teilweise eingeschränkte Komfort. Viele Leute fahren nicht mit der Bahn, weil es zu voll und zu eng ist.

**Wenn in der 1. Klasse jeder Platz besetzt ist, ist das nicht mehr 1. Klasse**

*Wie sehen Sie die Zukunft der Bahn?*

Wenn die Bahn eine gute Qualität bringt und gute Anschlussprodukte hat, dann setzt sie sich vor dem Hintergrund der steigenden Probleme auf der Straße durch. Ein Problem sehe ich in der zu komplexen Handhabung des Bahnsystems. Bis ich das Prozedere an den Automaten durchdekliniert habe, ist die Bahn oft schon lang weg. Die Bahn ist heute mehrheitlich etwas für Profis, die eine gewisse Strecke immer wieder nutzen.

**Die Bahn ist ein Quasi-Insiderfahrzeug. Man muss sich auskennen, um von A nach B zu kommen**

*Wie könnte man diesem Problem begegnen?*

Die größte Chance liegt für mich darin, ein gemeinsames Tool zu entwickeln, das auch noch die Bezahlung mit einschließt. Man kann einfach einsteigen, fahren und es wird abgebucht.

*Welche Maßnahmen würden Sie grundsätzlich ergreifen, um unser Mobilitätssystem zu verbessern?*

Ich würde mich erst in anderen Ländern umschauen. Unsere Systeme sind alt und gewachsen und natürlich eher starr. In China ist z. B. vieles ganz anders geregelt. Der Staat hat erkannt, wenn da eine halbe Milliarde täglich in die Städte rein und wieder raus geht, muss das geregelt sein.

### 4.1.8 Hilmar Dunker

**Geschäftsführer dunkermedia, Herausgeber Automotive IT & Car IT**

▶   Die Dominanz des Autos wird schwinden.

▶   Automobilhersteller müssen zum Mobilitätsanbieter werden.

▶   Vernetzung der Systeme wird viele Veränderungen unseres Mobilitätsverhaltens auslösen.

▶   Markt der Billig Airlines wird sich deutlich verringern.

Nach dem Studium der Betriebswirtschaftslehre, Politikwissenschaften, Geschichte sowie Geschichte für Naturwissenschaften und Technik absolvierte Herr Dunker sein Volontariat bei der renommierten Motorpresse Stuttgart. Im Anschluss arbeitete

Herr Dunker als Redakteur bei der Automobilzeitschrift mot sowie als Entwicklungsredakteur und später als leitender Entwicklungsredakteur erneut für die Motorpresse Stuttgart. Es folgte ein Engagement als Reporter für die Automobilwoche ehe Herr Dunker seit 2003 als Geschäftsführer für das Unternehmen dunkermedia verantwortlich ist.

*Was ist Ihr bevorzugtes Mobilitätsinstrument?*

Das Auto, weil es für mich die schnellste und auch effektivste Möglichkeit ist ans Ziel zu kommen.

*Hat sich diese Priorisierung verändert in den letzten zehn Jahren?*

Ich gehe langsam dazu über, auch das Flugzeug oder die Bahn mit in mein Mobilitätsportfolio einzubinden. Vor allem bedingt durch die günstigen Flugpreise und die Verbesserungen bei der Bahn. Allerdings ziehe ich das Flugzeug der Bahn noch vor, weil die Bahn nach wie vor Probleme bei der Zuverlässigkeit hat.

*Nutzen Sie IT als distanzüberbrückendes Instrument?*

Ja, wir haben ja eine virtuelle Redaktion und arbeiten grundsätzlich auf dieser Basis zusammen. Viele Großunternehmen arbeiten ebenfalls schon heute über Telepräsenz. Mit der Verbesserung der Technik und der breiteren Akzeptanz in den nächsten Generationen wird sich das auch noch weiter etablieren.

*Wie schätzen Sie die zukünftige Verteilung zwischen den Mobilitätsmitteln ein?*

Bedingt durch das Thema Vernetzung werden wir noch viele Veränderungen sehen. Die Zusammenstellung von Verkehrsmitteln wird in zehn Jahren eine andere sein als heute. Das Auto wird nicht mehr diese Dominanz haben und die Leute werden auch nicht mehr unbedingt Autos besitzen wollen, sondern sagen: „Ich stell mir das aus Carsharing, aus Mitfahrgelegenheiten, aus Bahn, Flugzeug etc. zusammen, um von A nach B zu kommen".

*Was glauben Sie, ist der Kerntreiber für diese Umverteilung?*

Ich glaube, es ist eine Mischung aus Ökologie und Ökonomie. Das Auto ist etwas sehr Teures und steht oft rum. Da kann ich mir Mobilität auch anders zusammensetzen. Hinzu kommt ökologisches Denken vor allem bei den Jüngeren.

*Was kann man aus Ihrer Sicht tun, um eine bessere Auslastung der alternativen Mobilität zu bekommen?*

Ich würde nicht in die klassische Infrastruktur wie Straße oder Schiene investieren, sondern in das Thema Vernetzung der Systeme. Es müsste eine IT-Lösung geben, die mir genau sagt, welche Kombination verschiedenster Verkehrsmittel mich am effizientesten zum Ziel führt. Idealerweise steht dahinter ein Provider, über den auch alle Buchungen laufen.

**Zurzeit fehlt der große Integrator, der sich dem Thema Vernetzung annimmt**

*Steht hier der mangelnde Glaube an ein wirklich ertragfähiges Geschäftsmodell dahinter?*

Die meisten Automobilhersteller sehen da noch kein wirkliches Geschäftsmodell. Sie müssen aber zukünftig den Weg vom Automobilhersteller zum Mobilitätsanbieter gehen. Ich glaube, das passende Geschäftsmodell dazu suchen sie alle noch.

*Glauben Sie, dass Carsharing ein Konzept mit Zukunft ist?*

Heute ist Carsharing auf einer Ebene angekommen auf der es auch für Businesskunden interessant wird. Ich denke, Carsharing hat eine Zukunft wenn man es in ein Gesamtmobilitätskonzept mit einbindet.

**Carsharing ist auf einer Ebene angekommen, die auch für Businesskunden interessant ist**

*Wie ist Ihre Meinung zum Thema E-Mobilität?*

Ich glaube, dass sich die E-Mobilität unter zwei Gesichtspunkten durchsetzen wird. Erstens, braucht man eine Technologie, die wirklich funktioniert. Und zweitens muss der Preis runtergehen. Letzteres wird vermutlich nur über den Flottenmarkt gehen. Denn nur wenn große Flotten, wie die Deutsche Post oder DHL umstellen auf E-Mobilität hat man eine Chance die nötige Masse zu erzeugen.

*Wohin entwickeln sich aus Ihrer Sicht die großen Mobilitätsdienstleister Flugzeug und Bahn?*

Nach meiner Einschätzung wird sich der Markt der Billig-Carrier deutlich verringern. Die verbleibenden Anbieter werden weiter Druck auf die Bahn machen. Und die Bahn wird dann diejenige sein, die sich drastisch modernisieren muss, v. a. im Hinblick auf Zeitplanung, Variabilität und Reisekomfort. Während ich im Flugzeug bereit bin Enge hinzunehmen, weil ich nur eine halbe Stunde drinsitze, habe ich auf einer 4-stündigen Bahnfahrt höhere Ansprüche an den Komfort.

*Wie sind die Aussichten im Bereich der Logistik?*

Ein großes Potential liegt in der Vernetzung. Wenn der Laderaum von LKWs wie auf einer Börse gehandelt werden könnte, schnell und in Echtzeit, dann würde man auch verhindern, dass Ladeflächen ungenutzt bleiben. Solange die Kosten für Leerfahrten aber nicht weiter ins Gewicht fallen, sieht keiner die Notwendigkeit, ein solches System zu entwickeln.

*Welche grundlegenden Entwicklungen sehen Sie im Feld der Mobilität?*

Alles im Bereich Kommunikation wird sich radikal wandeln. Nehmen wir nur mal das iPad, ich glaube, dass wir in zehn Jahren deutlich weniger gedruckte Zeitungen und Zeitschriften haben werden, weil es ökologisch mehr Sinn macht, eine Zeitschrift auf dem iPad zu lesen und zudem viel praktischer ist. Grundsätzlich wird man Mobilität zukünftig anders zusammenstellen. Weg vom eigenen Auto.

### 4.1.9   Christoph Epe

**Kaufmännischer Geschäftsführer Mennekes-Gruppe**

▶      E-Mobilität wird sich zuerst in ländlichen Gebieten verbreiten, da hier ein priva-
       tes Netz an Ladestationen verfügbar ist.

▶      Öffentlich Ladestationen haben das Problem der Stromabrechnung.

▶      Für ländliche Gebiete wäre ein Netz an geförderten Kleinbussen vorstellbar.

Herr Christoph Epe war nach seinem Studium des Wirtschaftsingenieurwesens an
der Universität Siegen von 1997 bis 1999 als Projektleiter bei der MUBEA Muhr
und Bender KG tätig. Noch im Jahr 1999 folgte der Wechsel zu Mennekes Elektrotechnik GmbH & Co. KG, wo Herr Epe zunächst als Controller für Produktion und
Logistik tätig war. Bereits 2001 besetzte Herr Epe die Position des Leiters Control-
ling, in der er bis 2006 tätig war. Parallel absolvierte Herr Epe von 2003 bis 2004
den Executive Master of Business Administration an der Universität St.Gallen. Ende
2006 folgte die Beförderung zum Kaufmännischen Leiter sowie zum Stellvertreten-
den Geschäftsführer. Schließlich erfolgte 2012 die Aufnahme in die Geschäftsleitung der Mennekes Elektrotechnik GmbH & Co. KG.

*Herr Epe, welches ist denn Ihr Verkehrsmittel Nr. 1?*
       Wir sind hier im ländlichen Raum und da bin ich mit meinem eigenen Fahrzeug unter-
wegs.

*Nutzen Sie auch andere Mobilitätsmittel?*

Das Fahrrad nutze ich nur in meiner Freizeit, aber nicht um von A nach B zu kommen. Den ÖV nutze ich kaum, denn die Verbindungen sind relativ schlecht.

*Wo sehen Sie in Ihrem Umfeld eine sinnvolle Alternative zum Auto?*

Für ländliche Gebiete könnte ich mir ein Netz an geförderten Kleinbussystemen vorstellen, die nach Bedarf eingesetzt werden können.

*Sehen Sie Möglichkeiten über Investitionen die Schiene attraktiver zu machen?*

Die für mich relevanten Strecken hat man in den letzten Jahren immer mehr ausgedünnt. Um zu einem Hauptverkehrsknotenpunkt zu kommen, muss ich sehr oft umsteigen. Ich würde es sehr begrüßen, wenn unser Standort wieder eine bessere Anbindung bekäme.

*Wo sehen Sie die Hauptherausforderung für den Bereich der E-Mobilität?*

Die Hauptherausforderung sehe ich darin, dass aufgrund der geringen Produktionsmengen sehr hohe Stückkosten entstehen, die keiner tragen möchte. Die hohen Verkaufspreise sind eine ziemliche Hemmschwelle. Das kann man natürlich über Subventionen regeln. Oder aber öffentliche Institutionen verpflichten sich zur Umstellung Ihrer Fahrzeuge auf E-Mobilität.

*Wo sehen Sie die größeren Chancen für E-Mobilität, in der Stadt oder auf dem Land?*

Zu Beginn auf dem Land und zwar deshalb, weil auf dem Land die Leute wohnen, die eine Garage haben, in der Strom liegt. In der Stadt würden Sie die öffentlichen Infrastrukturen benötigen, und der entsprechende Ausbau würde sehr lange dauern. Vor allem die Frage der Finanzierung ist noch ungeklärt.

**E-Mobilität wird sich zuerst in ländlichen Gebieten verbreiten**

*Glauben Sie denn, dass eine Zahlungsbereitschaft für diese Fahrzeuge da ist?*

Nicht in der ganzen Breite der Bevölkerung, aber im oberen Mittelstand ist eine sehr große Bereitschaft vorhanden. Aber in den oberen Fahrzeugsegmenten gibt es noch keine entsprechenden Angebote.

*Wo sehen Sie mögliche Partner für ein halböffentliches Verteilersystem für Ladestationen?*

Wir erhalten ab und zu Anfragen von Firmen, um Ladestationen auf ihren Parkplätzen aufzustellen. Das Problem dabei ist die Abrechnung. Diese Firmen dürfen den Strom ja nicht verkaufen, sie müssen ihn also verschenken. Öffentliche Ladestationen müssten mit geeichten Zählern ausgestattet werden, der Datenschutz müsste voll sicher gestellt sein. Das ist alles sehr aufwendig. Deshalb sehe ich in einem ersten Schritt private Verteilerstationen.

**Das Problem der Ladestationen ist die Abrechnung**

*Wie sehen Sie die Chancen für Carsharing?*

Ich persönlich kann mir schwer vorstellen, mein Auto mit mehreren Leuten zu teilen. Aber auf Geschäftsreisen kann ich mir vorstellen, anstelle eines Mietwagens oder Taxis z. B. ein Elektrofahrzeug am Bahnhof zu nehmen und dort wieder abzustellen.

*Welche Auswirkungen haben die Entwicklungen im Logistikbereich auf die Auslastung unserer Infrastruktursysteme?*

Ich glaube, dass ein cleveres Schienenkonzept, bei dem man relativ schnell in Bahnhöfen, Züge be- und entladen kann ein Weg wäre, die Straßen zu entlasten. Die Straßen können mit LKWs nicht noch stärker belastet werden.

*Ist die Schiene besser als das Flugzeug?*

Ja, weil das Flugzeug deutlich mehr die Umwelt belastet als die Schiene. Die Schiene wird große Gewichte, große Volumina, viel viel günstiger transportieren können als das Flugzeug.

*Glauben Sie, dass die Informationstechnologie zukünftig eine ernsthafte Substitutionsmöglichkeit zur Mobilität werden könnte, zur physischen Mobilität?*

Was berufliche Fernreisen angeht, bin ich mir ziemlich sicher, dass hier eine Substitution zum Tragen kommt. Im privaten Umfeld kann ich mir schlecht vorstellen, dass man eine Familienfeier über den Bildschirm macht. Da muss ich sagen, der persönliche Kontakt ist doch unersetzlich.

*Wo sehen Sie die Grenzen der Videokonferenzen?*

Manchmal ist auch das Gefühl in einem Gespräch wichtig, insbesondere bei Verhandlungen oder Mitarbeitergesprächen.

### 4.1.10   Josef Eppeneder

**Landrat Landkreis Landshut, Bayern**

▶   Die Anbindung des ländlichen Raums an das ÖV Netz ist notwendig.

▶   Suburbane Gebiete müssen mit Breitbandanschlüssen ausgestattet werden.

▶   Keine signifikante Veränderung des Mobilitätsbildes durch ICT zu erwarten.

▶   Ausbau der Straßeninfrastruktur sinnvoll.

Herr Eppeneder übernahm nach dem Besuch der landwirtschaftlichen Berufsschule 1973 den elterlichen Betrieb, eher er seine politische Karriere mit dem Eintritt in die CSU 1977 begann. Bereits 1984 hatte er das Amt des Kreisrates und des Stadtrates inne, ehe er bereits 1990 in den Landtag berufen wurde, dem er bis 2002 angehörte. Im Jahr 2002 wurde Herr Eppeneder zum Landrat im Landkreis Landshut gewählt. Für seine Verdienste wurde Herr Eppeneder 2010 von Ministerpräsident Horst Seehofer mit dem Verdienstkreuz am Bande des Verdienstordens der Bundesrepublik Deutschland ausgezeichnet. Im Mai 2014 verabschiedet sich Herr Eppeneder in den Ruhestand

*Herr Eppeneder, was ist die wichtigste Mobilitätsressource, auf die Sie zur Ausübung Ihres Amtes als Landrat nicht verzichten können?*

Ganz klar das Auto. Dies ist insbesondere der Fall, da im ländlichen Raum nur ein spärliches Angebot an öffentlichen Verkehrsmitteln vorherrscht. Außerdem bietet das Auto die höchste Flexibilität aller Verkehrsmittel, da es als einziges kontinuierlich verfügbar ist. Aber es ist auch ein Stück weit meiner Begeisterung für die technologischen Neuerungen rund um das Automobil geschuldet. Dabei kann ich mich vor allem für die neuen Möglichkeiten der Telematik- und Navigationssysteme oder die immer sparsameren und gleichzeitig leistungsstärkeren Motoren begeistern.

*Nutzen Sie auch öffentliche Verkehrsmittel?*

Vereinzelt entscheide ich mich bei Fahrten nach München oder Berlin für die Bahn. Am Zielort nutze ich dann für die letzte Meile das ÖPNV-Angebot.

*Welche Rolle spielt für Sie der ökologische Aspekt bei der Wahl des Verkehrsmittels?*

Der Umweltaspekt spielt für mich eine große Rolle. Daher wird der kommende Dienstwagen eine Fahrzeugklasse unterhalb meines jetzigen Dienstfahrzeugs anzusiedeln sein. Der gleiche Beweggrund hat uns außerdem dazu veranlasst, unseren Mitarbeiterinnen und Mitarbeitern für kurze Distanzen E-Bikes zur Verfügung zu stellen.

*Sie haben bereits angesprochen, dass das Angebot des öffentlichen Personennahverkehrs im ländlichen Raum eher spärlich ausfällt. Welche Meinung haben Sie zu diesem Umstand?*

Aus einer Kosten-Nutzen-Sicht heraus wird es immer eine Herausforderung bleiben, den ländlichen Raum mit einer guten Anbindung an den öffentlichen Personenverkehr zu bedienen. Insbesondere die Taktrate, ist ausschlaggebend dafür, wie stark eine entsprechende Verbindung angenommen wird. Ein Beleg für die Relevanz dieser Taktung ist beispielsweise die von uns initiierte Busverbindung von Landshut zum Flughafen München. Der Bus verkehrt im Stundentakt und ist sehr stark genutzt.

Ohne optimale Anbindung an den öffentlichen Personenverkehr und hohen Taktraten bleibt das Automobil Verkehrsmittel Nummer eins im suburbanen Raum.

*Wie stehen Sie demzufolge der Strategie der Deutschen Bahn gegenüber, sich auf Stammtrassen zu fokussieren und den ländlichen Raum auszudünnen?*

Aus meiner Sicht war und ist diese Strategie falsch. Ein erster Indikator dafür lässt sich am heutigen Straßenbild sehr gut ablesen: Ein dramatischer Anstieg des Straßengüterverkehrs.

*Sie sehen somit einen Zusammenhang zwischen der Zunahme des Straßengüterverkehrs und der Stammstrecken-Strategie der Bahn?*

Absolut, denn eine Verlagerung auf die Schiene ist dadurch kurz- bis mittelfristig ausgeschlossen. Um eine effiziente Logistikkette über die Schiene abzubilden, bedarf es einer dichten Netzabdeckung, welche schlichtweg nicht gegeben ist. Laut aktuellen Prognosen wird sich das Gütertransportaufkommen in den nächsten fünf Jahren um weitere 60 % erhöhen, sodass auch mit Auswirkungen auf den Individualverkehr zu rechnen ist. Die Stammstreckenstrategie der Bahn erschwert die Verlagerung des Gütertransports auf die Schiene erheblich.

*Wie ist es eigentlich um ICT-Infrastruktur im ländlichen Raum bestellt?*

Ja, auch hier hat der suburbane Raum das Nachsehen bei Breitbandanschlüssen, die aber ein wesentlicher Standortfaktor speziell für Gewerbebetriebe sind. Hier würde ich eine rasche Annäherung der Investitionen für urbane und suburbane Räume sehr begrüßen.

*Denken Sie, dass ICT physische Mobilität durch neue Kommunikationsformen wie Skype substituieren kann, um somit eine Entlastung der Verkehrsinfrastruktur herbeizuführen?*

Im Gegensatz zu vielen anderen Meinungen sehe ich nicht, dass mittels ICT das heutige Mobilitätsbild signifikant verändern werden kann. Allerdings bin ich davon überzeugt, dass mit Hilfe der ICT die Convenience im Öffentlichen als auch im Individualverkehr deutlich gesteigert wird.

*Was wäre somit Ihrer Meinung nach zu tun, um dem Verkehrsaufkommen gerecht zu werden?*

Aus meiner Sicht wäre ein sinnvoller Ausbau der Straßen Infrastruktur unter Beachtung ökologischer und ökonomischer Gesichtspunkte aus gesamtgesellschaftlicher Sicht am sinnvollsten. Zwar ist hierbei mit entsprechenden ökologischen Bedenken aus Teilen der Bevölkerung zu rechnen, wie die jüngsten Geschehnisse in Stuttgart, München oder Berlin zeigen. Jedoch können diese mit Verweis auf die strengen Auflagen hinsichtlich der zu bereitstellenden Ausgleichsflächen sehr schnell ausgeräumt werden.

## 4.2  Heavy-User der Mobilität

*Christian Berkel: Schauspieler*
   *Prof. Dr. Thomas Bayerl: Physiker und Partner bei Inventages Venture Capital*
   *Dr. Caspar Copetti: CEO ON Holding AG & ON Consulting GmbH*
   *Jesco Gumprecht: Consultant bei TCW*
   *Dieter Hoffend: Leiter Großkunden und Neue Geschäftsfelder Intel GmbH*
   *Karl-Heinz Kalbfell: Berater*
   *Dr. Hans-Peter Kleebinder: Leitung Social Media AUDI AG*

*Karin Kühn: TEXT*
*Christiane Lamprecht: Projektleiterin Architekturbüro Hechenbichler*
*Nadja Michael: Opernsängerin*
*Kent Nagano: Dirigent*
*Max v. Waldenfels: CEO & Co-Founder Mylorry*
*Frau v. Weiss: TEXT*
*PD Dr. Tom-Philipp Zucker: Chefarzt Klinikum Traunstein*

## 4.2.1   Christian Berkel

**Schauspieler**

▶   Ein eigenes Auto ist mir relativ unwichtig. Für mich wäre ein weltweiter Zugriff
auf eine bestimmte Fahrzeugklasse viel interessanter.

▶   Ich bin kein Skyper, überhaupt nicht.

Christian Berkel, geboren am 28. Oktober 1957 in Berlin, ab dem vierzehnten
Lebensjahr aufgewachsen in Paris, nahm bereits während der Schulzeit Schauspiel-
unterricht. Nach dem Abitur ging er nach Berlin, wo er eine Ausbildung an der deutschen Film- und Fernsehakademie (dffb) absolvierte. In zahlreichen Fernsehrollen
konnte er große Erfolge feiern. Für seine Rolle in „Der Untergang" erhielt er einen
Bambi. Aktuell ist er als Hauptdarsteller in der Serie „Der Kriminalist" zu sehen.

*Welche Mobilitätsinstrumente nutzen Sie überwiegend?*

Das Auto und das Flugzeug. Bei größeren Distanzen ist das Auto für mich uninteressant. Wenn ich nach München muss, fliege ich natürlich. Das Auto nutze ich ausschließlich privat, beruflich werde ich gefahren. In unserem Beruf wirst Du immer abgeholt und nach Hause gebracht, unabhängig davon, ob Du ein Anfänger bist oder schon lange dabei, ob Du erfolgreich bist oder nicht.

*Henkel (lacht): Warum? Weil Sie sonst den Weg nicht finden?*

Ganz genau so ist es. Wenn bei einer Produktion zwei von zehn Schauspielern zu spät kommen, ist das sehr viel teurer als einen Fahrer zu engagieren. Wir drehen heute da, morgen da, übermorgen da. Manchmal an einem Tag an drei verschiedenen Orten. Wenn da die Schauspieler alle selbst fahren müssten… Und dann kommt noch das Problem, dass die Schauspieler häufig mit dem Kopf irgendwo anders sind. Früher gab es sogar einen Paragraphen, der besagte, dass Schauspieler bis 30 min nach der Aufführung unzurechnungsfähig sind.

*Nutzen Sie auch die Bahn?*

Die Bahn ist für mich eigentlich komplett uninteressant. Nutze ich so gut wie überhaupt nicht.

*Warum?*

Zeit! Für die Strecke Berlin-Hamburg finde ich es wunderbar, dass die Flieger abgeschafft wurden. Du kommst jetzt in eineinhalb Stunden nach Hamburg. Da wäre es ja völlig bekloppt, zu fliegen. Würde keiner machen. Ich fahre sehr gerne Bahn. Aber wenn ich fünf, sechs Stunden sitzen muss, ist das zu viel. Wenn mir jemand sagen würde „Wir schaffen die Strecke Berlin-Frankfurt in drei Stunden.": Ich würde nicht mehr fliegen.

*Wie sieht es mit öffentlichem Nahverkehr aus. Nutzen Sie den hier in Berlin?*

Nein, aus dem einfachen Grund, weil es für mich anstrengend ist. Wenn Dich zu viele Leute erkennen und anstarren: „Wieso fährt der eigentlich S-Bahn? Ach, das hätte ich ja nie gedacht." Das ist dann anstrengend.

*Also zu wenig Privatsphäre?*

Ja, genau. Wenn es darum geht, privat innerhalb von Berlin irgendwohin zu fahren, willst du/wollen viele Individualität. Ich glaube, speziell in Deutschland ist dieses Bedürfnis der Autonomie im Verkehr und in der Mobilität sehr groß. Das Automobil im wörtlichen Sinne: Du bist alleine oder kannst entscheiden, wer mit dir ist. In dem Moment, wo es darum geht, von Berlin in eine andere Stadt zu kommen, akzeptieren die Leute, dass es individuell nicht geht, weil das Privatflugzeug einfach ihre Möglichkeiten übersteigt. Wenn es finanziell möglich wäre, würde auch jeder ein Privatflugzeug haben wollen. Da bin ich relativ sicher.

*Muss es denn ein eigenes Auto sein oder würden Sie auch Carsharing nutzen?*

Ich hab mal Carsharing gemacht vor vielen Jahren. Ich fand's mühsam und habe es relativ schnell aufgegeben.

*Warum?*

Ich glaube, es hat damals daran gelegen, dass es zu kompliziert war. Du musstest an einen bestimmten Ort, um das Auto zu holen. Der war zwar vielleicht in Deiner Nähe, aber nicht wirklich nah genug. Das war zu unpraktisch. Du konntest nicht schnell genug reagieren.

*Was müsste passieren, dass Sie wieder ins Carsharing einsteigen?*

Grundsätzlich finde ich die Idee sehr gut. Ich gehe ja auch in ein Hotel und kaufe oder miete mir nicht in jeder Stadt eine Wohnung. Aber dann geht's ja los: Du willst eventuell in dieses Hotel und nicht in jenes Hotel. Ich glaube, irgendeine Form von Individualisierung wird es immer geben. Dass Du sagst „Ich hätte gerne das Carsharing mit diesem oder jenem Anspruch", finde ich absolut vorstellbar. Im Hotel legst du dich ja auch in ein Bett, in dem schon mal jemand anders gelegen hat – und das ist wesentlich intimer als in ein Auto einzusteigen. Da denken wir alle nicht drüber nach – bis auf wenige. Stattdessen sagst du: „Wenn das Hotel in dem und dem Stil geführt ist, bin ich einverstanden."

*Elektromobilität. Würden Sie Ihr Auto gegen ein E-Auto eintauschen?*

Ja, wenn es halbwegs überzeugend wäre. Da ich ja nicht mit dem Auto nach Spanien oder sonst wohin fahre, sondern es im Prinzip nur in der Stadt nutze, wäre für mich ein Elektroauto O.K. Ein Elektromotor sollte aber 400 km Fahrleistung ermöglichen und vor allem kürzere Ladezeiten.

*Haben Sie Erfahrung mit E-Autos?*

Ich war vor zwei Jahren beim goldenen Lenkrad, wo ich verschiedene Autos testen durfte. Ich war überrascht: Die Autos zogen extrem gut und das Fahrgefühl war toll.

*Telematik: Könnten Sie sich vorstellen, in einem Jahr Ihr Auto abzugeben und sich in ein Auto zu setzen, das alleine fährt?*

Damit hätte ich Schwierigkeiten (lacht).

*Weil Sie Angst davor haben oder weil Ihnen der Spaßfaktor fehlen würde?*

Ich glaube, es ist der Angsteffekt. Außerdem macht Autofahren Spaß. Darauf würde ich ungern verzichten.

*Logistik: Wer die Vielfalt eines Hotelbuffets voll ausschöpft, hat am Ende Lebensmittel auf dem Teller, die in Summe mehrere Tausend Kilometer zurückgelegt haben. Ist das den Menschen bewusst?*

Nein, glaube ich nicht. Was Sie jetzt gerade zu mir gesagt haben, war auch mir in der Form nicht bewusst. Ich weiß, dass bestimmte Sachen durch die Gegend gefahren werden und ich merke, dass wir kaum mehr auf regionale Produkte setzen. Dass wir meinen, wir müssen Spargel das ganze Jahr haben und Erdbeeren auch, finde ich absurd, finde ich falsch. Ich wäre auch bereit, auf einiges zu verzichten, weil ich sicher bin, dass das es im Grunde genommen mit einer Steigerung der Lebensqualität einhergehen würde. Saisonal zu kochen mit saisonalen Produkten aus der Umgebung… Das ist doch interessant.

*IT: Ist IT für Sie eine Möglichkeit Mobilität zu ersetzen? Haben Sie sich schon einmal die Frage gestellt: Skype ich oder fliege ich?*

Sagen wir mal so: Ich bin kein Skyper. Überhaupt nicht. Aber das ist wahrscheinlich eine Generationsfrage. Ich telefoniere sehr viel. Der eine skyped, der andere telefoniert. Das ist für mich jetzt so noch eine relativ ähnliche Geschichte. Es gibt allerdings bestimmte Situationen, wo ich sage, physische Präsenz bringt etwas. Zum Beispiel, wenn das Ziel des Gesprächs unkonkret ist. Wenn Du sagst, wir wissen gar nicht genau, worüber wir reden wollen, aber es ist einfach sinnvoll, dass wir uns zwei, drei Mal im Jahr sehen und miteinander essen gehen. Vielleicht besprechen wir sinnvolle Themen, vielleicht ist es aber auch nur ein menschlicher Austausch. Das ist vielleicht das Wichtigste. Das kannst du durch Skype oder Telefon nicht ersetzen. Wenn du weißt, wir müssen jetzt das, das und das besprechen, macht telefonieren dagegen Sinn. Ich mache viele Drehbuchbesprechungen per Telefon. Wenn du den anderen gut kennst, wenn es kein Fremder ist, dann geht das absolut.

*Könnten Sie sich vorstellen, zukünftig einzelne Szenen via Skype zu proben, bevor Sie Ihre Filmpartner persönlich treffen? Zum Üben des Timings beispielsweise.*

Das wäre absolut unmöglich. Also in meinem Beruf absolut unmöglich.

*Wäre es denkbar, wenn es noch bessere Technologien gäbe, z. B. 3D?*

Nein, weil ich glaube, in meinem Beruf ist die physische Präsenz wichtig ist. Beim Skypen nimmst du die Mikrosignale nicht so genau auf. Und in unserem Beruf sind ja Mikrosignale ganz entscheidend. Ich gebe mal ein Beispiel: Ingmar Bergmann. Mit dem habe ich einmal zusammengearbeitet. Der große Psychologe. Ich war ganz jung. Ich hatte alle Sachen von ihm gesehen und ich war fest davon überzeugt, er würde stundenlang über die Psychologie der Figur reden, sie erklären. Nichts! Er hat überhaupt nichts erklärt. Nicht einen einzigen psychologischen Satz. Er hat nur technische Anweisungen gegeben. Aber, und jetzt kommt das große „Aber": Die Art und Weise wie er gesagt hat, „Du gehst von da zum Fenster…" Wenn du das aufgeschrieben hättest, wäre das ein vollkommen technischer Satz. Durch die Art, wie er dabei geguckt hat, durch den Ton, den er in der Stimme hatte, wusstest du aber genau, was er will. Das ist der Grund, warum der eine dich mehr überzeugt und der andere weniger, obwohl sie beide das Gleiche sagen. All diese Dinge brauchen, glaube ich, die physische Präsenz.

### 4.2.2   Prof. Dr. Thomas Bayerl

**Physiker und Partner bei Inventages Venture Capital**

▶    Ein eigenes Auto macht in London keinen Sinn.

▶    Künstliche Verknappung der Straßeninfrastruktur, bspw. durch langwierige
     Baustellen, nicht zielführend, da keine Alternativen mit hinreichenden Kapazi-
     täten bestehen.

Prof. Dr. Bayerl promovierte an der TU München im Fach Physik und wurde später
von der Universität Würzburg für die Professur der Biophysik berufen. Während
dieser Tätigkeit veröffentlichte er rund 100 wissenschaftliche Beiträge. In den letzten Jahren war Herr Prof. Bayerl im Bereich Entrepreneurship und Venture Capital
engagiert und ist aktuell Partner bei der Inventages Venture Capital.

*Herr Prof. Dr. Bayerl, mit welchen Verkehrsmitteln decken Sie in London Ihr Mobilitäts-
bedürfnis?*
Neben dem ÖPNV-Angebot und Taxifahrten auch sehr gerne mit Car- und Bike-Sha-
ring. Letzteres nutze ich insbesondere für Einkäufe. Für gelegentliche Ausflüge, beispielsweise zum Golfplatz, greife ich auf einen Mietwagen zurück.

**Ein eigenes Auto macht in London keinen Sinn**
*Wie beurteilen Sie die Wirkung der City-Maut hinsichtlich der Verkehrsberuhigung in
London?*
Mein Eindruck ist, dass trotz der eingeführten City-Maut kein verkehrsberuhigter In-
nenstadtbereich entstanden ist, sondern vielmehr eine Einnahmequelle für die Stadt.
*Wie stellt sich hier in Deutschland Ihr Mobilitätssystem im Vergleich zu UK dar?*
In Deutschland besitze ich mein eigenes Auto. Es ist für Deutschland gesprochen auch
meine wichtigste Mobilitätsressource und hat somit nach wie vor einen sehr hohen Stel-
lenwert.
*Für welche Fahrzeugart haben Sie sich entschieden?*
Meine Fahrzeugwahl fiel aufgrund des Komfort- und Sicherheitsgedanken auf einen
BMW X5.
*Wie schätzen Sie den aktuellen Stand der E-Mobility ein?*
Aus meiner Sicht ist aktuell noch kein stimmiges Konzept hinsichtlich einer Energie-
und Emissionsgesamtbilanz auf dem Markt. Es darf aber auch die gewaltige Umweltbe-
lastung nicht außer Acht gelassen werden, die durch den Abbau von Lithium, die Haupt-
komponente leistungsstarker Batterien, verursacht wird – nicht zuletzt aus diesem Grund
wird dieses vorrangig in Asien gefördert, obwohl entsprechende Vorkommen in Europa
als auch USA vorhanden sind.

*Welches Verkehrsmittel hat für Sie insgesamt oberste Priorität?*

Aufgrund meiner multilokalen Wohnsituation in Deutschland und UK bin ich aktuell sehr stark auf das Flugzeug angewiesen.

*Genießen Sie die Fliegerei?*

Ehrlich gesagt empfinde ich das Fliegen aufgrund von Verspätungen, Überfüllungen und Fehlorganisationen zunehmend als unangenehm.

*Welche Entwicklungen sehen Sie für den ÖPNV in Deutschland für die kommenden zehn Jahre?*

Es wird sich ein erheblicher Investitionsbedarf für die ÖPNV-Infrastruktur abzeichnen. Dies ist einerseits mit der Wartung- und Instandhaltung zu begründen, andererseits aber auch mit dem notwendigen Ausbau des ÖPNV Netzes.

*Warum glauben Sie, dass die Instandhaltung der bestehenden Infrastruktur nicht ausreicht?*

Der steigende Urbanisierungsgrad sowie zunehmende Reglementierungen des Individualverkehrs im Innenstadtbereich resultieren zwangsläufig in einer erheblichen Nutzung des ÖPNV. Da die ÖPNV-Betriebe in den Stoßzeiten bereits heute an ihre Kapazitätsgrenzen gehen, ist ein Ausbau unumgänglich – andernfalls ist die Mobilität im Innenstadtbereich nicht mehr gewährleistet.

*Befürworten Sie demzufolge die von der Bahn verfolgte Strategie, sich auf die Stammstrecken zwischen den Ballungszentren zu konzentrieren?*

Nein, auf keinen Fall. Die durch reines Wirtschaftsdenken geprägte Strategie ist falsch. Aus meiner Sicht müsste vielmehr in langfristige Projekte investiert werden, welche auch eine flächendeckende Netzabdeckung als Ziel haben.

*Welchen Vorteil sehen Sie in einem flächendeckenden Bahnnetz?*

Neben der Erweiterung des Serviceportfolios im Personenverkehr sehe ich hierin vor allem die einzige Möglichkeit, eine nachhaltige und effiziente Verlagerung des Güterverkehrs auf die Schiene zu realisieren.

*Welchen wirtschaftlichen Stellenwert messen Sie grundsätzlich der Infrastruktur bei?*

Für mich ist eine moderne, intakte und ausreichend dimensionierte Infrastruktur ein extrem wertvoller Standortfaktor, dessen Vernachlässigung meiner Ansicht nach negative wirtschaftlichen Konsequenzen mit sich ziehen würde.

*Wie erklären Sie sich dann die Ablehnung gewisser gesellschaftlicher Teile gegenüber neuen infrastrukturellen Großprojekten?*

Es macht mir stellenweise den Eindruck, dass es gewissen Gesellschaftsteilen gut geht. Infrastruktur wird vorausgesetzt, aber nicht wertgeschätzt und verstanden.

*Herr Prof. Dr. Bayerl, welchen Punkt sehen Sie künftig besonders kritisch im Hinblick auf die Mobilität?*

Die demographische Entwicklung Europas und deren Konsequenzen, wobei ich aktuell keinerlei Ansätze sehe, wie diesen zukünftigen Szenarien entgegengetreten werden kann.

### 4.2.3   Dr. Caspar Coppetti

**CEO, Co Founder & Chair On Holding AG**

▶   Heute ist Fliegen für mich wie Busfahren.

▶   Es ist ein Trugschluss, dass Technologie Mobilität ablösen wird: Das Tempo wird
     einfach höher.

Nach Abschluss des Studiums an der Universität St. Gallen mit der Doktorwürde
2004 war Herr Dr. Coppetti zunächst als Unternehmensberater bei McKinsey tätig,
eher er in die Geschäftsleitung von Advico Young & Rubicam wechselte, in der er
bis heute tätig ist.
    Seit 2010 leitet er gemeinsam mit zwei Partnern als Co-Founder und CEO die
Laufschuh-Marke ON Holding AG sowie die Beratungsfirma On Clouds GmbH.

*Herr Coppetti, Sie sind gerade unterwegs, welches Verkehrsmittel nutzen Sie momentan?*
    Heute bin ich mit dem Auto und dem Flugzeug unterwegs. Dieses Jahr bin ich fast
mehr geflogen als Auto gefahren. Mein Prioritätenset hat sich schon extrem geändert.
Heute fliege ich z. B. nur für eine Ladeneröffnung nach London und bin abends wieder
zurück. Das hätte man vor zehn Jahren nicht getan. Heute ist Fliegen für mich wie Busfahren.

**Heute ist Fliegen für mich wie Busfahren**
*Welche Bedeutung hat das Auto für Sie?*

Das Auto brauche ich jeden Tag und es ist mir sehr wichtig. Ich nutze die Zeit beim Fahren, um zu telefonieren. Im Auto bin ich ungestört und kann vieles mit meinen Mitarbeitern besprechen. Im Gegensatz dazu hat die Bahn für mich eigentlich keine Bedeutung. Vor allem weil ich oft Material dabei habe, das ich in der Bahn gar nicht transportieren kann. Im Außendienst nutzt fast niemand die Bahn. In Zürich in der Stadt fahre ich auch viel mit dem Fahrrad.

*Wie intensiv nutzen Sie ICT- Lösungen wie z. B. Skype?*

Für uns ist Skype extrem wichtig. Vor allem im Bereich der Produktentwicklung. Wir sprechen stundenlang am Tag mit unseren Geschäftspartnern in Asien und dann ist Skype einfach immer das Geeignetste. Oft lassen wir die Verbindung den ganzen Tag laufen und verbinden damit unsere Büros virtuell. Trotzdem ist nach wie vor die physische Präsenz oft nicht ersetzbar.

*Wie beurteilen Sie die zunehmende Verkehrsbelastung der Innenstädte?*

Angebot und Nachfrage bestimmen die Verkehrssituation. Wenn das ÖV-Angebot da ist und schneller ist als das Auto, dann wird es auch genutzt, sonst nicht.

*Welche Maßnahmen könnten die Städte noch ergreifen, um der Verkehrsdichte entgegenzuwirken?*

Ich fände es gut, wenn man die Autos unter Grund verbannen würde. Eine weitere Möglichkeit wäre, die Einfahrachsen dünner und dünner zu machen und Parkplätze abzubauen.

*Wie ist Ihre Einstellung zum Thema Carsharing?*

Grundsätzlich eine tolle Idee, aber für mich persönlich nicht geeignet.

*Und wie ist Ihre Meinung zum Thema Elektro-Mobilität?*

Finde ich grundsätzlich cool. Ich hab mir auch schon überlegt, so ein Ding zu kaufen. Aber solange die Herstellprobleme nicht gelöst sind und die Energiebilanz keine Verbesserung verspricht, bringt es nicht so viel.

*In welche Richtung wird sich das ganze Feld Automobilität entwickeln?*

Ich rechne nicht mit großen Veränderungen. Der Verbrennungsmotor wird sicher immer effizienter werden. Es wird nach wie vor so sein, dass in ländlichen Gebieten das eigene Auto das Hauptverkehrsmittel ist.

*Welche Entwicklung werden wir im Bereich des ÖV sehen?*

Der wird weiterhin zunehmen. Je mehr Leute in Städten wohnen, umso stärker wird er auch zunehmen. Insgesamt wird die Mobilität der Menschen weiter zunehmen.

**Es ist ein Trugschluss, dass Technologie Mobilität ablösen wird. Das Tempo wird einfach höher**
*Welchen Einfluss haben die Zuwachsraten im Online-Handel und in der Logistikbranche auf unser Mobilitätssystem?*

Grundsätzlich ist es weniger effizient, wenn jeder mit seinem Auto in die Stadt fährt, um ein paar Schuhe zu kaufen, statt wenn jemand diese ganzen Schuhe auf einer wegoptimierten Route wieder zu Hause abliefert. Für das Verkehrsaufkommen ist das eigentlich ein Reduktionsfaktor.

*Welche IT Lösungen nutzen Sie noch, um Mobilität zu kompensieren?*

Wir arbeiten viel mit Cloud Computing, um überall auf der Welt, unabhängig von Zeit und Ort, auf unsere Daten und Informationen zugreifen zu können, das ist absolut entscheidend. Und natürlich die ganzen mobilen Devices, die man überall und zu jeder Zeit nutzen kann. Natürlich baut diese grenzenlose Verfügbarkeit auch Erwartungen auf und Hemmungen ab. Man muss praktisch immer erreichbar sein.

*Wenn Sie an einer entscheidenden Stelle Einfluss nehmen könnten, welche Maßnahmen im Bereich der Mobilität würden Sie ergreifen?*

Grundsätzlich ist die Schweiz schon sehr gut aufgestellt, weil die öffentlichen Verkehrsmittel gut aufeinander abgestimmt sind. Die Amerikaner sind da noch ganz weit hinten. Was man noch verbessern könnte, wäre die Anbindung unterschiedlicher Verkehrsmittel, wie z. B. Park & Ride.

### 4.2.4  Jesco Gumprecht

**Consultant bei TCW und wissenschaftlicher Mitarbeiter am Lehrstuhl für Unternehmensführung, Logistik und Produktion der Technischen Universität München**

► In München ist kein Privatauto notwendig. Für den Urlaub oder den Möbeltransport wird gemietet.

► Beruflich fast nur PKW wegen hoher Flexibilität und keine mühsame „Letzte Meile".

► Heutige Logistikkonzepte aufgrund des $CO_2$-Footprints auf dem Prüfstand.

▶    Kundenanspruch im E-Commerce „Heute bestellen, Morgen im Postkasten"
     führt zu bedenklich hoher Leerfahrten-Quote.

▶    Antihaltung gegenüber Infrastrukturprojekten nicht nachvollziehbar, da
     moderne Infrastruktur entscheidender Wettbewerbsvorteil.

Herr Gumprecht studierte Verpackungstechnik an der HDM Stuttgart und Wirt-
schaftsingenieurwesen an der TU München und der SMU Singapore. Derzeit pro-
moviert er neben seiner Beratertätigkeit an der TU München.

*Herr Gumprecht, was sind die von Ihnen meistgenutzten Fortbewegungsmittel?*
Im Privaten mit Sicherheit mein Fahrrad. Hier in München kann ich damit alles pro-
blemlos erreichen und bei Schlechtwetter weiche ich auf das gute ÖPNV-Angebot aus.
Und für die Urlaubsfahrt nutzen wir einen Mietwagen. Ein eigener PKW macht für mich
in München keinen Sinn. Beruflich ist es in der Regel auch der Mietwagen aufgrund der
sehr hohen Flexibilität, der Punkt-zu-Punkt-Verbindung, der Transportkapazität sowie des
Kostenvorteils gegenüber der Bahn.
*Empfinden Sie demzufolge das Bahnfahren als zu teuer?*
In meiner Wahrnehmung erhöhen sich die Ticketpreise permanent, sodass Bahnfahren,
ohne beispielsweise die BahnCard 50, sehr teuer wird. Trotzdem bin ich aber ein beken-
nender Zug-Fan, weil es eine sehr effiziente und praktikable Art der Fortbewegung ist, da
ich die Reisezeit zum Arbeiten nutzen kann.
*Würden Sie somit aus Kostengesichtspunkten innerhalb Deutschlands einen Billigflug
einer Zugfahrt vorziehen?*
Nicht unbedingt. So ist meines Erachtens ein großer Vorteil der Bahn gegenüber dem
Flugzeug die deutlich höhere Flexibilität, ich kann zusteigen, wann immer ich will. Zudem braucht es nicht immer diese Check-In-Prozeduren und im Vergleich zu den Flughäfen liegen die Bahnhöfe zumeist direkt im Stadtzentrum, sodass der Flughafentransfer
entfällt.
*Apropos Flughafen und Bahnhof: Was denken Sie über die vermehrten Proteste in
Deutschland gegen infrastrukturelle Großprojekte?*
Für mich ist die Anti-Haltung der unmittelbar betroffenen Bevölkerung ein Stück weit
nachvollziehbar. Dennoch wäre es wünschenswert, sich auch Gedanken über die Folgen
dieser Entscheidungen zu machen. Speziell in Deutschland ist eine reibungslos funktionierende Infrastruktur ein entscheidender Wettbewerbsvorteil für Unternehmen.
*Ähnliche Anti-Tendenzen sind in Metropolregionen in Form von Parkplatzreduktion
oder Rückbau der Straßeninfrastruktur zugunsten des ÖPNV zu beobachten. Was halten
Sie davon?*

Aus persönlichem Interesse würde ich natürlich auch eine entsprechende Verkehrsberuhigung der Innenstadtbereiche begrüßen. Dennoch bin ich überzeugt, dass mit Hilfe intelligenter Verkehrssteuerung und konsequenter Verlegung von Hauptverkehrsadern unter Tage eine ausreichende Verkehrsberuhigung erreicht werden kann.

*Wie beurteilen Sie die Tatsache, dass aktuell über 60 % der Gütertransportleistung auf der Straße erbracht werden?*

Vor dem Hintergrund des $CO_2$-Footprints der Logistikkette sollten meiner Ansicht nach diverse Konzepte neu überdacht werden. Konkret sollte mehr Transportleistung auf die Schiene verlagert werden. Dies würde neben einem positiven Einfluss auf den $CO_2$-Footprint der Transportkette auch Einsparpotentiale hinsichtlich der Transportkosten sowie der bisher notwendigen $CO_2$-Zertifikate mit sich bringen. Allerdings stellt dabei die aktuell unzureichende Anzahl an Bahn-Umschlagsplätzen eine große Herausforderung dar.

*Welchen Einfluss nimmt aus Ihrer Sicht die steigende Beliebtheit von E-Commerce auf die Transportleistungen?*

Neben einer großen Auswahl und günstigen Preisen erwarten die Kunden vor allem schnelle Lieferzeiten. Dass dadurch zusätzlicher Transportaufwand induziert wird, da eine effiziente Bündelung der Warenströme unter diesen Rahmenbedingungen nur sehr schwer umsetzbar ist, ist leider vielen Konsumenten unklar. Als Resultat sind bis zu 20 % Leerfahrten, vom kleinen Verteilerfahrzeug bis hin zum LKW, zu verbuchen.

*Wie stark nutzen Sie ICT?*

Speziell im beruflichen Kontext verwende ich ICT sehr gerne, da dadurch sehr viel Zeit aber auch Transaktionskosten eingespart werden können. Privat ermöglicht es zudem, den Kontakt zu Freunden und Familie aufrecht zu erhalten, selbst über große Distanzen.

*Wohin wird sich ihrer Meinung nach ICT entwickeln?*

Hinsichtlich der Entwicklung denke ich einerseits, dass sich die Darstellung der Gesprächspartner deutlich verbessern wird, beispielsweise in Form von 3D-Hologrammen. Andererseits denke ich, wird auch ein beträchtlicher Fortschritt im Bereich der Verkehrssteuerung oder der Car-to-X Communication zu verzeichnen sein.

*Abschließend würde uns interessieren, wie sich für Sie persönlich der Stellenwert der einzelnen Mobilitätsträger in den vergangenen zehn Jahren verändert hat und wie sich dieser in den kommenden zehn Jahren darstellen könnte.*

Vor zehn Jahren hatte der PKW noch eine zentrale Rolle, da ich in einer eher ländlicheren Umgebung aufgewachsen bin und täglich zur Schule pendeln musste. Ein adäquates Pendant in Form von ÖPNV gab es nicht. Gegenwärtig messe ich einem eigenen Auto jedoch keine große Bedeutung zu, da ich in München eine perfekte ÖPNV-Infrastruktur vorfinde und durch die kurzen Wege alles gut mit dem Fahrrad erreichbar ist. Als zukünftigen Ausblick könnte ich mir vorstellen, dass das eigene Fahrzeug wieder einen höheren Stellenwert erlangt. Dies könnte dann durch Kinder und die Verlagerung des Wohnortes in eine Vorstadtregion bedingt sein.

### 4.2.5   Dieter Hoffend

**Leiter Großkunden und Neue Geschäftsfelder Intel GmbH.**

▶   IKT wird mehr und mehr ihren Platz im Automobil einnehmen, doch wann ist
    aus Kundensicht ein gesundes Maß erreicht?

▶   Erfolg der Elektromobilität hängt nach wie vor von einer ganzheitlich abge-
    stimmten Infrastruktur ab, d. h. Laden, Bezahlen, Erneuerbare Energie.

▶   Abbau von Schnittstellen durch Smart-Tools entscheidend für die Mobilität der
    Zukunft.

Nach dem Studium der Betriebswirtschaftslehre an der Johannes-Gutenberg Universität Mainz war Herr Hoffend zunächst als Berater und Geschäftsführer in diversen Unternehmen tätig, eher er Ende der 90er zu Intel GmbH wechselte, wo ihm
verschiedene leitende Funktionen übertragen wurden. Aktuell ist Herr Hoffend Leiter Großkunden und Neue Geschäftsfelder für Zentraleuropa bei der Intel GmbH.

*Herr Hoffend, welches Verkehrsmittel ist für Sie von zentraler Bedeutung?*
    Das wichtigste Verkehrsmittel ist mein Auto, schlicht aus Komfortgründen. Ich fahre
ein familientaugliches, aber doch sportliches Model. Neben den üblichen Komfort- und
Infotainment-Ausstattungen erfreue ich mich besonders an meiner Standheizung, die ich

per App mit meinem Smartphone steuern kann. Am Wochenende nutze ich aber auch sehr gerne das Fahrrad in der Innenstadt.

*Welche Rolle spielt für Sie das Thema Freiheit im Kontext des IV?*

Ehrlicherweise ist es manchmal mit der assoziierten Freiheit im IV nicht allzu weit her, denn ich fahre zwar los, wann ich will, stehe aber im Stau, wann die anderen es „wollen".

*Wie schätzen Sie den Einfluss der Elektromobilität auf den IV zum aktuellen Zeitpunkt ein?*

Elektromobilität ist grundsätzlich ein guter Ansatz. Dieser wird jedoch erst richtig interessant, sobald auch ein etabliertes und funktionsfähiges Smart-Grid mit entsprechender Ladeinfrastruktur zur Verfügung steht. Hiervon ist die Realität momentan allerdings noch ein Stück weit entfernt. Ein Baustein ist die noch relativ ungeregelte Gewinnung erneuerbarer Energien, welche die etablierten Energiekonzerne vor neue Herausforderungen stellt.

**Meiner Ansicht nach steckt der größte Aufwand zur Etablierung von Elektromobilität in der Infrastruktur und weniger am Fahrzeug selbst**

Ich konnte selbst erfahren, was eine ungenügend ausgebaute Ladeinfrastruktur bedeutet, wenn sie in der Münchner Innenstadt wohnen und keinen festen Garagenstellplatz besitzen, sondern an der Straße parken.

*Sehen Sie dennoch bereits heute Möglichkeiten, Elektromobilität sinnvoll nutzen zu können?*

Der Preis wird eine zentrale Rolle bei der Etablierung von E-Fahrzeugen spielen, sodass hier versucht werden könnte, Anreize zu schaffen. Außerdem sollten potentielle Kunden E-Fahrzeuge „erfahren" können. Ich kann aus eigener Erfahrung berichten, dass neben Spaß auch Vertrauen in diese Fahrzeuge gewonnen wird. Wo ich mir bereits heute die Nutzung von Elektrofahrzeugen vorstellen könnte ist bei Berufspendlern, die i. d. R. einen fixen Arbeitsplatz haben. Die Standzeit des PKW am Firmengelände könnte hierbei zum Laden genutzt werden, sodass der tägliche Pendelweg rein elektrisch zu bewältigen wäre.

*Welchen Mehrwert kann ICT im automobilen Kontext noch stiften?*

Direkt anknüpfend an die Elektromobilität ergeben sich hierbei natürlich auch Anwendungsbeispiele, die über das reine Fahren hinausgehen. Speziell der bisher von den Tankstellen gewohnte Zahlungsprozess wird sich für Ladestationen ändern. Demzufolge haben wir bereits einen ersten Smartphone-Prototypen mit einem sogenannten Trusted Embedded Secure Element im Testbetrieb, welcher ihnen eine sichere Möglichkeit der Bezahlung mittels NFC ermöglicht. Aber dies ist nur ein kleiner Baustein, denn das Smartphone könnte sich, sofern die Automobilkonzerne, Autovermietungen, Versicherungen, Banken etc. mitspielen, zu einem automatisierten Individualisierungstool entwickeln. Im Fahrzeug beispielsweise wären die Sitz-, Spiegel-, Klima-, Fahrmodus- und Multimediaeinstellungen hinterlegt sowie die Kreditkarte beim Tank- oder Ladevorgang. Die zugrunde liegende Idee ist einfach: Abbau von Schnittstellen im Kontext der Mobilität, denn jede zusätzliche Schnittstelle verringert die Nutzungsbereitschaft von Mobilitätsangeboten und somit auch von multimodaler Mobilität.

*Welchen Stellenwert hat demgegenüber der ÖV mit seinem Angebotsspektrum für Sie, Herr Hoffend?*

Beim ÖV würde ich mein Nutzerprofil differenziert betrachten. Zum einen nutze ich den klassischen ÖPNV eher selten, obwohl die nächste U-Bahnstation nur zwei Minuten fußläufig von meiner Haustür entfernt ist. Zum anderen nutze ich im beruflichen Kontext gerne die Bahn, z. B. für Geschäftsreisen nach Frankfurt, aber auch das Flugzeug. Mein Empfinden ist aber, dass speziell die Flugreisen mit hohem Aufwand verbunden sind, sodass ich oftmals lieber auf die Bahn zurückgreife.

*Könnten Sie sich vorstellen, den ÖV vermehrt zu nutzen?*

Der Wechsel vom liebgewonnenen IV hin zum ÖV würde sich meines Erachtens nur im Zuge zweier Extremszenarien vollziehen: Einerseits bei einer Überlastung der Verkehrsinfrastruktur mit der Folge, dass lange Stauzeiten in Kauf genommen werden müssten. Andererseits würde eine deutliche Erhöhung der Kraftstoffpreise zum Umdenken führen. Grundsätzlich spielen aus meiner Sicht zwei weitere Aspekte für die Nutzerakzeptanz eine wesentliche Rolle: Ein flächendeckendes Angebot des ÖV und das darin gebotene Convenience-Level.

*Welche Rolle messen Sie der ICT im Kontext der Mobilität bei?*

Für mich ergeben sich drei Anwendungsfelder im Mobilitätskontext, in denen ICT einen Beitrag leistet. Zunächst können speziell im beruflichen Kontext mit Hilfe von Videokonferenzen etc. Dienstreisen zweifelsohne substituiert werden, sodass wir inhouse z. T. klären, ob noch jede Flugreise unabdingbar ist. Was hierbei natürlich verloren geht, ist das altbekannte „Face-to-Face"-Gefühl. Im Kontext des Automobils wird in naher Zukunft eine vollständige Vernetzung stattfinden, sodass es denkbar wird, dass ein Automobil über eine eigene IP verfügt. Neben der dadurch möglichen Erweiterung des Serviceportfolios für den Kunden erfordert dies aber auch eine bessere IT-Absicherung. Demzufolge sehen wir eine erfolgreiche Etablierung dieser Funktionalitäten nur gegeben, wenn wir auf ein starkes Commitment unserer Partner aus der Automobilbranche zählen können. Als dritten Punkt sehe ich intelligente Verkehrsleitsysteme, wofür ICT einen essentiellen Bestandteil darstellt.

*Welchen Beitrag können somit Ihrer Ansicht nach ICT oder auch Elektromobilität zur Sicherung von Mobilität in Megacities leisten?*

**Das Problem der wirklichen Megacities ist nicht durch neue Antriebskonzepte zu lösen, es geht vielmehr darum, die schiere Anzahl an Fahrzeugen auf engstem Raum zu handeln**

Das Thema Megacity wird sehr spannend, vor allem weil es ohne entsprechende Reglementierungen nicht funktionieren wird. Meiner Auffassung nach konnte die Infrastruktur mit dem Bevölkerungsanstieg nicht Schritt halten, sodass es eher eine technisch-infrastrukturelle Frage und somit weniger eine Frage des richtigen Antriebskonzepts ist.

### 4.2.6   Karl-Heinz Kalbfell

**Berater**

► Beim Autofahren bin ich selbst Herr der Lage.

► Antihaltung gegenüber Infrastrukturprojekten ist ein gesellschaftliches Phänomen: Der Übergang von einer handelnden zu einer diskutierenden Gesellschaft.

► Veraltete Infrastrukturen in innerstädtischen Bereichen ist nicht auf den enormen Anstieg des Mobilitätsbedürfnisses ausgelegt.

Karl-Heinz Kalbfell war nach seinem Studium des Wirtschaftsingenieurwesens
an der Fachhochschule für Druck Stuttgart zunächst als Kommunikationsleiter bei
Eriba Hymer tätig, eher er seine Karriere 1977 bei der BMW Group begann. Wäh-
rend seiner Tätigkeit bei der BMW Group war er Geschäftsführer bei der BMW
Motorsport GmbH und BMW M GmbH, Gründer und Geschäftsführer der BMW
Motorsport Ltd., Gründer der BMW Mobile Tradition, Mitglied im Steuerkreis
Rover/Land Rover, Leiter des Projekts MINI (Startup Cooperations), Leiter des Pro-
jekts Rolls-Royce und letztlich Vorsitzender und CEO der Rolls-Royce Motorcars

Ltd. Im Jahr 2005 wechselte Herr Kalbfell als COO zu Alfa Romeo und in 2006 als CEO zu Maserati. Ab dem Jahr 2007 war Herr Kalbfell als eigenständiger Berater in internationalen Projekten tätig und war Mitglied in verschiedenen Aufsichtsräten.

Herr Kalbfell verstarb im Spätsommer letzten Jahres bei einem historischen Motorradrennen in Brands Hatch.

*Herr Kalbfell, welche Bedeutung hat das Automobil für Sie?*

Seit geraumer Zeit sehe ich die Bedeutung des Automobils etwas gespalten. Einerseits bin ich in einer Zeit aufgewachsen, in der das Automobil sowohl notwendige Mobilitäts-ressource war, als auch gesellschafts-hierarchische Bedeutung hatte. Andererseits sind im Hier und Jetzt diese Themen eher irrelevant. Dennoch bietet das Automobil nach wie vor als einzige Mobilitätslösung seinem Fahrer uneingeschränkte Privatsphäre. Ebenfalls einzigartig ist, dass der Fahrer im Vergleich zu den übrigen Transportmöglichkeiten, bei denen der Reisegast chauffiert wird, selbst Herr der Lage ist.

**Beim Autofahren bin ich selbst Herr der Lage**

*Haben Sie ein Lieblingsauto?*

Es mag vielleicht etwas verwundern, aber mein aktuelles Lieblingsfahrzeug ist ein Transporter, den ich für die Ausübung meines Hobbys nutze. Tendenziell gibt es aus mei-ner Sicht heutzutage immer weniger „besondere" Fahrzeuge – die letzten emotionalen Fahrzeuge kommen, wenn, aus Italien.

*Welche weiteren Verkehrsmittel nutzen Sie?*

Neben privaten Urlaubsreisen nutze ich das Flugzeug auch oft aus geschäftlichen An-lässen. Hierbei greife ich vermehrt auf Kombiangebote zurück, das heißt ein Leistungs-bündel bestehend aus Flug, Hotel und Mietwagen.

*Und für die Kurzstrecke in der Stadt?*

In der Stadt habe ich den Fußweg für mich entdeckt – das wäre mir vor zehn Jahren nicht in den Sinn gekommen.

*Nutzen Sie hierfür auch das Fahrrad?*

Nein, das ist mir bei dem Verkehrsaufkommen zu gefährlich. Ich nutze es, wenn, als Fitnessaktivität.

*Mit welchen Konsequenzen wird Ihrer Ansicht nach mit der stetigen Urbanisierung zu rechnen sein?*

Insbesondere der innerstädtische Bereich, welcher infrastrukturell dem enormen Zu-wachs des Verkehrsaufkommens nicht gewachsen ist, wird deutlich mehr Restriktionen erfahren, um den Verkehrsfluss aufrechtzuerhalten. Diese Restriktionen stehen nicht im Einklang mit dem Anspruchsdenken unserer Gesellschaft, werden aber notwendig sein.

*Was wären aus Ihrer Sicht geeignete Maßnahmen, um diese Konsequenzen zu mindern?*

Meines Erachtens sind infrastrukturelle Maßnahmen erforderlich, um den Wirtschafts-motor Mobilität am Laufen zu halten. Insbesondere die suboptimale Straßeninfrastruktur ist dringend zu verbessern. Entsprechend deklarierte Steuereinnahmen sollten bei zweck-gebundener Verwendung den Finanzbedarf decken.

*Sehen Sie noch weitere Möglichkeiten, Mobilität mit dem gewohnt hohen Komfort auf-recht zu erhalten?*

Ja, meiner Ansicht nach sollte parallel der Ausbau der ICT-Infrastruktur forciert wer-den. Intelligente Verkehrsleitsysteme bieten die beste Möglichkeit, Verkehrsengpässe zu lösen – oder gar nicht erst entstehen zu lassen. Es kommt ja niemand auf die Idee, ein Flugzeug starten zu lassen, wenn kein freier Landeslot am Zielflughafen verfügbar ist.

*Womit erklären Sie sich dann aber die Anti-Haltung der Gesellschaft gegenüber infra-strukturellen Großprojekten?*

Es ist aus meiner Sicht ein Manifest eines generellen Gesellschaftsphänomens: Die Wandlung unserer Gesellschaft von einer handelnden zu einer diskutierenden Gesell-schaft.

*Was müsste getan werden, um diese Haltung bezüglich Infrastrukturprojekte zu än-dern?*

Einerseits wären klare politische Vorgaben zu infrastrukturellen Projekten hilfreich. Andererseits wäre es wünschenswert, wenn sich die Politik mehr der Frage annehmen würde, wie mit den gegebenen Ressourcen individuelle Mobilität sichergestellt werden kann und dieses Thema weniger als Spielball zur Politisierung angesehen wird – politische Verantwortung.

*Wie wird sich der Güterverkehr künftig zwischen Straße und Schiene aufteilen?*

Meiner Meinung nach wird sich der Güterverkehr langfristig durch den Markt eigen-ständig regeln. Das heißt, sobald die Kapazitätsgrenzen der Straßeninfrastruktur erreicht sind, werden die Güterströme automatisch auf die Schiene geleitet, um termingerechte Lieferungen zu gewährleisten.

*Gibt es Ihrer Ansicht nach auch Möglichkeiten, die Verlagerung auf die Schiene vor einer Eskalation zu erreichen?*

Ich denke, dass eine preisliche Incentivierung die Attraktivität der Schienen für den Gütertransport bereits heute fördern könnte. Als Ergänzung möchte ich noch zum Schie-nenpersonenverkehr anmerken, dass die Serviceerwartungen unserer Gesellschaft steigen, dies jedoch nur teilweise Berücksichtigung findet.

*Herr Kalbfell, welche Punkte würden Sie an verantwortlicher Stelle priorisieren?*

Ganz generell sollte zunächst eine ganzheitliche Optimierung und Integration der Mo-bilitätsangebote mit klarer Nutzersicht und Konzentration auf die jeweiligen Stärken der Transportmittel erfolgen. Speziell im Hinblick auf das Automobil wäre es wünschenswert, wenn erforscht würde, was die neuen Prestige- und Begehrlichkeitsdimensionen sind, denn Leistung und Größe sind längst überholt.

## 4.2.7   Dr. Hans-Peter Kleebinder

**Leiter Social Media Audi AG**

▶   MIV: hohe Wertschätzung des Autos als individueller Rückzugsort

▶   ICT: sehr wichtig, um Büros virtuell zu verbinden

▶   LOG: befürwortet Online-Versandhandel, da Effizienzen für die gesamte Ver-
     kehrsbelastung erkennbar sind

▶   ÖPNV: geringe Bedeutung, da die benötigte Transportkapazität nicht vorhan-
     den ist

Nach seinem Abschluss zum Diplom-Kaufmann an der Ludwig-Maximilians Universität München 1991 promovierte Herr Dr. Kleebinder 1994 an der Universität
St. Gallen am Institut für Handel und Marketing. Parallel war Herr Dr. Kleebinder
bereits als Junior Consultant im Bereich des digitalen Marketings tätig. Ab 1993
war er für die BMW Group in diversen Führungspositionen tätig, vor allem auch für
MINI. Im Jahr 2010 wechselte Herr Dr. Kleebinder als Leiter Marketing Deutschland zur AUDI AG und übernahm 2013 die Leitung des Bereichs Social Media.

*Herr Dr. Kleebinder, was ist für Sie der wichtigste Mobilitätsträger?*
  Die wichtigste Mobilitätsressource ist für mich das Automobil.
  *Welche Gründe liegen hierfür zugrunde?*

Einerseits die unerreichte Unabhängigkeit. Andererseits bietet das Automobil eine einzigartige Privatsphäre, quasi meinen Kokon mit meiner Musik und meinen Komfortvorstellungen, sodass die Reisezeit zum Genuss wird. Natürlich ist der reine Fahrspaß nicht außer Acht zu lassen. Aus geschäftlicher Sicht ist es auch ein hervorragender Kommunikationsraum.

*Gibt es dennoch auch Nachteile, die Sie bei der Nutzung des Automobils erkennen?*

Speziell in den letzten Jahren stelle ich mir vermehrt die Frage, ob nicht die Flexibilität, welche durch das Automobil gegeben ist, durch externe Faktoren schrittweise eingeschränkt wird. Sei es in Form von Verringerung der Parkraumflächen im Innenstadtbereich oder in Form der persönlichen Entscheidung, nach oder vor den Stoßzeiten den Pendel- oder Urlaubsweg anzutreten, um mögliche Staus zu meiden.

*Was ist Ihre Einschätzung hinsichtlich der gesellschaftlichen Bedeutung des Automobils?*

Meiner Ansicht nach ist die Bedeutung des eigenen Automobils in den letzten Jahren differenziert zu betrachten. Einerseits ist die Bedeutung in unserer Generation konstant geblieben, andererseits nimmt vor allem bei vielen Jugendlichen die Bedeutung ab – hier macht ganz klar das iPhone das Rennen. Interessant wird, zu beobachten, wie sich die Bedeutung über den Lebenszyklus entwickelt.

*Welche Herausforderungen kommen Ihrer Ansicht nach auf die Automobilität zu?*

Grundsätzlich sehe ich das Thema TCO (Total cost of ownership), welches sich in den kommenden Jahren weiter zuspitzen wird. Dies ist jedoch nicht etwa durch ansteigende Kraftstoff- oder Fahrzeugpreise zu begründen, sondern vielmehr in einer differenzierteren Splittung des verfügbaren Haushaltsbudgets auf Wohnen/Leben, Ausbildung, Absicherung und Mobilität allgemein zu sehen.

*Welche Konsequenzen werden daraus erwachsen?*

Ich gehe davon aus, dass sich ein zunehmendes Maß an Rationalisierung im Individualverkehr abzeichnen wird, eine Emotionalisierung wird sich noch bei Extremsportwagen finden lassen. Parallel wird sich auch eine Präferenzverschiebung weg vom bisherigen Besitzdenken hin zum Nutzungsgedanken vollziehen. Spannend bleibt zu beobachten, welche Rolle das Statusdenken für diesen Wandel spielt.

*Wie beurteilen Sie demzufolge das nun wachsende Angebot an Carsharing?*

Prinzipiell finde ich das Konzept gut. Allerdings fehlt mir persönlich beim Carsharing-Ansatz eine emotionale Note.

*Gibt es aus Ihrer Sicht bereits Angebote, die Sie eher präferieren?*

Ich finde persönlich clever organisierte Mitfahrgelegenheiten die bessere Alternative, da gemeinsam etwas erlebt wird, es ergeben sich Gespräche, es ist eben emotionaler. Carsharing ist dabei im Vergleich deutlich rationaler.

*Denken Sie, diese Konzepte werden sich durchsetzen?*

Ich denke ja. Interessanterweise nutzen einige Bekannte, die noch bis vor Kurzem von ihrem Porsche schwärmten, nun diverse Carsharing-Angebote oder auch den ÖPNV, quasi als neue Statussymbole ihres Lifestyles.

*Welches Verkehrsmittel steht in Ihrem Prioritätenset an Nummer zwei?*

Neben dem Auto nutze ich ganz klar das Flugzeug am häufigsten.

*Fliegen Sie denn auch gerne?*

Ja. Ich genieße es, während der Reisezeit umsorgt zu sein und in komfortabler Umgebung abschalten zu können. Spannend finde ich in diesem Zusammenhang noch das Angebot einzelner Fluggesellschaften, bei der Sitzplatzreservierung persönliche Interessen berücksichtigen zu können.

*Gibt es auch Aspekte, die Sie eher kritisch sehen in Bezug auf den Flugverkehr?*

Nachteil im privaten Kontext sind die Flugpreise, welche sich meiner Ansicht nach in den kommenden Jahren wieder deutlich verteuern werden.

*Und wie steht es um Ihre Nutzung der Bahn?*

Ich nutze die Bahn eher selten, dann aber gerne.

*Herr Kleebinder, denken Sie, dass mit Hilfe der ICT eine weitere Form der Mobilität angeboten wird?*

Im Kontext von Mobilität sehe ich ein gewisses Potential, dass ICT viele physische Wege durch die vielfältigen Anwendungsmöglichkeiten der ICT substituieren wird. Dennoch wird der persönliche Kontakt nach wie vor erforderlich sein. Meiner Ansicht nach wird physische Mobilität bewusster und intelligenter gesteuert bei hohem Flexibilitätsanspruch stattfinden.

*Was sind aus Ihrer Sicht die entscheidenden Erfolgsfaktoren des E-Commerce?*

Der E-Commerce -Sektor bringt neben den bekannten Aspekten wie Auswahl und Preis einen weiteren gewichtigen Faktor mit ins Spiel: Convenience. Der rasant steigende Umsatz in diesem Sektor zeigt nachdrücklich, dass dies von den Kunden sehr geschätzt wird.

*Haben Sie auch Bedenken hinsichtlich des E-Commerce?*

Fraglich ist, welchen Preis diese Convenience, in erster Linie durch eine leistungsstarke Logistikbranche ermöglicht, aus ökologischer Sicht hat. In diesem Zusammenhang ist es mir übrigens unbegreiflich, dass bis dato der Großteil des Güterverkehrs nach wie vor über die Straße abgewickelt wird. Zudem meine ich, dass sich neue Gegentrends, wie beispielsweise der „local-sourcing"-Gedanke, in den kommenden Jahren stark entwickeln werden.

*Herr Kleebinder, welche Punkte würden Sie abschließend noch gerne adressieren?*

Folgende zwei Punkte: Die Bahn als auch die Verkehrs-/Infrastrukturpolitik.

Bei der Bahn würde ich mich freuen, wenn eine ähnlich hohe Akzeptanz wie in der Schweiz erreicht würde, beispielsweise durch Prozessoptimierung, deutlichere Differenzierung der 1.Klasse und höherer Professionalität – auf einigen Stammstrecken klappt das bereits sehr gut.

Hinsichtlich des zweiten Punktes würde ich mir eine bessere Strukturierung der Mobilität von Seiten der Politik erhoffen. Dies könnte dazu beitragen, dass die in meinen Augen nicht nachvollziehbaren Anti-Haltungen der Bevölkerung gegen infrastrukturelle Großprojekte gemildert werden.

## 4.2.8  Karin Kühn

▶  Das wichtigste Verkehrsmittel ist mein Auto.

▶  Seitdem ich ein iPad habe, kommuniziere ich sehr viel per E-Mail oder auch per Skype.

▶  Online-Versand nutze ich nur eingeschränkt, da ich kein Vertrauen in den Online-Zahlungsprozess habe.

> Karin Kühn war bis zur Geburt ihrer beiden Kinder als Gymnasiallehrerin tätig. Sie unterrichtete die Fächer Deutsch und Englisch. Nach verschiedenen Tätigkeiten bei der Messe Frankfurt und bei einer Bad Homburger Kulturstiftung beendete sie ihre berufliche Karriere und widmet sich heute ihrer Familie und den Enkelkindern.

*Frau Kühn, welches Verkehrsmittel ist für Sie im Alltag am Wichtigsten?*
Das ist eindeutig das Auto.
*Was für Vor- und Nachteile bietet das Auto für Sie konkret?*
Ich kann damit spontan und planmäßig an jedes Ziel kommen. Der Nachteil sind sicherlich die Kosten und die unplanmäßigen Staus. Aber dafür habe ich ja dann die Bahncard 50.
*Welche Strecken fahren Sie denn bevorzugt mit der Bahn?*
Kurz-, Mittel und Langstrecke. Im Vergleich zum Auto bietet die Bahn mir den Vorteil, dass ich auch noch etwas anderes während der Fahrt machen kann, z. B. Lesen oder Arbeiten. Durch die Bahncard 50 fahre ich teilweise sogar kostengünstiger als mit dem Auto.
*Welche Rolle spielt der Faktor Zeit in Ihrem Mobilitätssystem?*
Die Schnelligkeit spielt bei mir nicht mehr eine so große Rolle wie früher. Der Komfort ist mir auch nicht so wichtig, denn auch das Bahnfahren ist oftmals nicht komfortabel. Entscheidend ist für mich, wie ich die Zeit nutzen kann.

*Wie sieht es aus, wenn Sie viel transportieren müssen, bspw. Reisegepäck?*

Ich nehme sehr viel in Kauf, um Bahnfahren zu können und versuche mein Gepäck darauf abzustimmen. Ab einem gewissen Punkt, wenn ich bspw. sehr viel zu transportieren habe, entscheide ich mich aber ganz klar für das Auto.

*Wenn Sie einmal 10 Jahre in die Zukunft blicken, denken Sie dass sich Ihre Prioritäten für die einzelnen Verkehrsträger ändern werden?*

Ich denke, dass das im Wesentlichen gleich bleiben wird.

*Und wie hat sich Ihr Prioritätenset rückblickend auf die letzten 10 Jahre verändert?*

Früher habe ich das Auto noch intensiver genutzt als heute.

*Zurück zur Gegenwart: Nutzen Sie auch die öffentlichen Nahverkehrsmittel?*

Grundsätzlich ja. Ich greife insbesondere auf Nahverkehrsmittel zurück, wenn ich auf Reisen oder in größeren Städten unterwegs bin. In meinem normalen Alltag spielen die Nahverkehrsmittel allerdings kaum eine Rolle.

*Und wie ist Ihre Meinung zum Thema Carsharing?*

Dieses System befürworte ich sehr. Ich kann mir auch sehr gut vorstellen, Carsharing zu nutzen. Voraussetzung wäre für mich allerdings, einen Verteilungspunkt in meiner Näher zu haben. Dann könnte ich mir auch vorstellen, auf ein eigenes Auto zu verzichten, auch um später einmal Kosten zu sparen.

*Inwiefern hat die Informationstechnologie Auswirkungen auf Ihr Mobilitätsverhalten?*

Seitdem ich ein iPad habe, kommuniziere ich sehr viel per E-Mail oder auch per Skype. Auf den ersten Blick bietet die Informationstechnologie für mich keinen Ersatz für Mobilität. Aber wenn ich genauer darüber nachdenke, entfällt z. B. der Weg zur Post um Briefe aufzugeben.

*Welche technischen Installationen gibt es noch die Ihr Mobilitätsverhalten beeinflussen?*

Eigentlich beschränkt sich das auf das Navigationsgerät im Auto und die Nutzung des iPads in der Bahn.

*Nutzen Sie die Möglichkeiten, die der Online-Versand heute bietet?*

Grundsätzlich finde ich diese Möglichkeiten sehr interessant. Ich nutze sie aber nur eingeschränkt, da ich kein Vertrauen in den Online-Zahlungsprozess habe. Wenn die Systeme sicherer und für mich nachvollziehbarer wären, könnte ich mir gut vorstellen, mehr online zu bestellen.

*Wie schätzen Sie die Entwicklungen im Bereich der Logistik ein? Fühlen Sie sich durch die massive Präsenz von LKWs auf den Autobahnen beeinträchtigt?*

Ich würde es grundsätzlich besser finden, mehr Güter über die Schiene zu transportieren.

*Wenn Sie an einer entscheidenden Stelle Einfluss nehmen könnten, welche Maßnahmen im Bereich der Mobilität würden Sie ergreifen?*

Für mich persönlich muss sich nicht viel ändern. Ich möchte gerne auch zukünftig individuell mobil sein können, egal ob mit dem eigenen Auto oder per Carsharing. Aus gesamtgesellschaftlicher Sicht denke ich, dass die Einführung einer Straßennutzungsgebühr, wie sie zurzeit in Deutschland diskutiert wird, sinnvoll wäre.

### 4.2.9   Christiane Lamprecht

**Projektleiterin Architekturbüro Hechenbichler**

► Paradoxerweise ist festzustellen, dass je wohlhabender eine Gesellschaft ist, der Anspruch auf Privatsphäre steigt.

Frau Lamprecht studierte *nach ihrem Abschluss der Allgemeinen Hochschulreife* Architektur an der Technischen Universität München. Während ihres Studiums war Frau Lamprecht Teilnehmerin am Max Weber-Programm der Studienstiftung des Deutschen Volkes und als wissenschaftliche Assistentin in wissenschaftlichen Projekten eingebunden. Im Jahr 2012 erfolgte der Abschluss zur Diplom-Ingenieurin (arch.). Aktuell ist Frau Lamprecht als Projektleiterin im renommierten Architekturbüro Hechenbichler in München tätig.

*Frau Lamprecht, auf welches Transportmittel würden Sie auf keinen Fall verzichten wollen?*

Auf das Auto. Es ist in meiner derzeitigen Situation sowohl aus beruflicher Sicht als auch für meine Freizeitgestaltung unverzichtbar, da der ländliche Raum nur ungenügend an den öffentlichen Personenverkehr angebunden ist.

*Welche weiteren Vorteile ergeben sich aus der Nutzung des Autos für Sie?*

Zunächst die effektive Reisedauer, die mit dem Auto deutlich kürzer ist als mit den öffentlichen Verkehrsmitteln. Ein weiterer Punkt ist, dass mir das Automobil eine kontinuierliche Verfügbarkeit bietet, das heiß, t ich kann los- oder abfahren, wann immer ich möchte. Die Zeitersparnis, die sich letztlich aus diesen genannten Vorzügen ergibt, hilft mir, mehr Zeit für Freizeit zu konservieren – dies ist mir auch aus finanziellen Gesichtspunkten viel wert.

*Was ist die Kehrseite aus Ihrer Sicht?*

Eigentlich, dass durch die Automobilität keine effektive Bündelung des Personenverkehrs erzielt werden kann.

*Könnten Sie sich unter entsprechenden Umständen vorstellen, nicht nur auf das Automobil, sondern auf den Führerschein zu verzichten?*

Für mich ist der Führerschein, völlig unabhängig von Wohn- und PKW-Situation, sehr wichtig, auch aus pragmatischen Gesichtspunkten wie beispielsweise der Arbeitstätigkeit. Darüber hinaus ist für mich der Erwerb einer Fahrerlaubnis auch sehr stark mit Freiheit verbunden.

*Welcher Stellenwert wird Ihrer Meinung nach dem öffentlichen Personenverkehr künftig zukommen?*

Aus meiner Sicht wird der Stellenwert des öffentlichen Personenverkehrs in Zukunft zunehmen, da immer mehr Personen pendeln, um den hohen Immobilienpreisen der urbanen Zentren zu entgehen.

*Was spricht Ihrer Ansicht nach zusätzlich für die Nutzung des öffentlichen Verkehrs?*

Einerseits die klassischen Vorteile des öffentlichen Personenverkehrs, sprich ökologische und ökonomische Vorteile. Andererseits auch die Tatsache, dass der Nutzer sowohl die Verantwortung als auch den kognitiven Aufwand der Fortbewegung auslagern kann.

*Welche Einschnitte sind bei der Nutzung des öffentlichen Personenverkehrs in Kauf zu nehmen?*

In den Stoßzeiten ist mit überfüllten Zug- oder U-Bahn-Abteilen zu rechnen, ein Umstand, der sich mit steigendem Urbanisierungsgrad weiter zuspitzt. Zudem ist durch die diskrete Verfügbarkeit dieser Mobilitätsressourcen eine Einschränkung der Flexibilität in Kauf zu nehmen, die stellenweise in Stress mündet – ich muss den Zug noch erwischen.

*Welchen Einfluss nimmt der öffentliche Personenverkehr auf Sie persönlich?*

Für mich spielt der öffentliche Personenverkehr insofern eine Rolle, als dass ich bei künftigen Immobilienentscheidungen sehr auf die dort vorhandene Anbindung an den öffentlichen Personenverkehr achte.

*Frau Lamprecht, in welchem Zusammenhang stehen für Sie gesellschaftlicher Wohlstand und öffentlicher Personenverkehr?*

Für mich besteht ein klarer Zusammenhang zwischen dem gesellschaftlichen Wohlstand und dem Angebot und Standard des öffentlichen Personenverkehrs, das heißt, je wohlhabender eine Gesellschaft ist, desto besser ist die infrastrukturelle Erschließung und Ausstattung des öffentlichen Personenverkehrs. Paradoxerweise ist aber gleichzeitig festzustellen, dass je wohlhabender eine Gesellschaft ist, der Anspruch auf Privatsphäre steigt. Es besteht also ein Dilemma zwischen gesellschaftlicher Voraussetzung und gesellschaftlichem Bedürfnis.

*Welche Rolle spielt für Sie die ICT?*

Für mich spielen die verschiedensten Angebote der ICT bereits eine sehr, sehr wichtige Rolle. Insbesondere auf das permanent verfügbare Informations- und Kommunikationsangebot möchte ich nicht mehr verzichten.

*Wofür nutzten Sie typischerweise ICT?*

Beispielsweise „skype" ich sehr gerne, um mit Freunden in Kontakt zu bleiben, die teilweise im Ausland leben – und ich freue mich sehr auf mein neues iPhone!

*Sind Sie der Ansicht, dass durch das ICT-Leistungsportfolio physische Mobilität stellenweise substituiert werden kann?*

Ja und nein. Einerseits glaube ich, dass speziell im beruflichen Umfeld viele Reisewege durch den Einsatz von ICT erspart werden können. Andererseits sehe ich aber im persönlichen Umfeld eher wenig Substitutionspotential, da insbesondere hier der persönliche Kontakt nach wie vor erwünscht sein wird.

*Womit denken Sie, ist das ungebrochene Wachstum des E-Commerce zu begründen?*

Aus meiner Sicht überzeugt die einzigartige Kombination aus Preis- und Zeitersparnis, die durch eine hervorragende Logistikdienstleistung erreicht wird.

*Sind für Sie auch Nachteile von E-Commerce erkennbar?*

Ich denke, dass der einzige Wermutstropfen darin besteht, dass keine sogenannten Spontaneinkäufe möglich sind.

*Wohin wird sich E-Commerce ihrer Meinung nach entwickeln?*

Speziell für die Zukunft sehe ich ein großes Potential für ältere Generationen, mit Hilfe von E-Commerce die Unabhängigkeit im täglichen Leben länger aufrecht zu erhalten.

## 4.2.10 Nadja Michael

**Opernsängerin**

Frau Michael besuchte die Spezialschule für Musik und studierte anschließend an der Jacobs School of Music der Indiana University Bloomington Gesang. Bereits 1993 gab Frau Michael ihr Operndebüt im Rahmen der Ludwigsburger Festspiele. Bis heute erarbeitete sich Frau Michael internationales Renommee mit Auftritten in der Wiener Staatsoper, dem Royal Opera House in London, der Mailänder Scala, der Bayerischen Staatsoper München, der Deutschen Oper und der Staatsoper Unter den Linden in Berlin, dem neuen Nationaltheater in Tokio sowie der Carnegie Hall und der Metropolitan Opera in New York.

▶     Das Flugzeug nutze ich eigentlich wie eine Straßenbahn.

*Frau Michael, was ist Ihr wichtigstes Verkehrsmittel, wenn Sie in Deutschland sind?*
Meinen Mobilitätsbedarf bestreite ich in Deutschland fast ausschließlich mit dem Auto.
*Was ist das Besondere am Automobil, dass Sie in Deutschland primär diese Mobilitäts-ressource nutzen?*
In erster Linie die damit einhergehende Unabhängigkeit. Aber auch aus rein pragma-tischen Gründen, wie beispielsweise für Einkäufe. Und natürlich, um meine Kinder zu fahren, sei es zur Schule oder zu diversen Freizeitaktivitäten. Meinem Empfinden nach ist die effektive Reisedauer von A nach B mit dem Auto eigentlich immer kürzer im Ver-gleich zum öffentlichen Personenverkehr. Zudem nutze ich die Fahrtzeit auch sehr gerne, um Telefonate zu führen.
*Wie sehr hängen Sie an Ihrer Fahrerlaubnis und könnten Sie sich vorstellen, diese zu entbehren?*
Der Führerschein ist für mich sehr wichtig, ein Verzicht wäre für mich eine Katastro-phe.
*Aus welchen Gründen wäre ein Verzicht nicht vorstellbar?*
Allein schon deshalb, weil meine Kinder auf meine Mobilität angewiesen sind. Zwar denke ich, dass ich sie in diesem Punkt schon sehr verwöhne, aber die Sicherheit meiner Kinder ist mir sehr wichtig und der Schulweg in der Großstadt Berlin einfach zu risiko-reich.
*Trifft dieses bereits geschilderte Mobilitätssystem auch auf Ihre Arbeitsaufenthalte, beispielsweise in USA, zu?*
Nein, hier stellt sich ein komplett anderes Bild dar. Neben der Nutzung des Flugver-kehrs greife ich dabei entweder auf Mietwagen oder die Nutzung des öffentlichen Perso-nenverkehrs zurück.
*Haben Sie dabei besondere Anforderungen an diese Mobilitätsleistungen?*
Aufgrund der hohen Nutzungsrate lege ich beim Flugverkehr besonderen Wert auf Schnelligkeit und geringe Komplexität, was die Prozesse vor dem eigentlichen Flug an-belangt. Also beispielsweise Online-Check-In oder auch schnelle Sicherheitskontrollen.

**Das Flugzeug nutze ich eigentlich wie eine Straßenbahn**
Beim klassischen öffentlichen Personenverkehr gewinne ich in letzter Zeit den Eindruck, dass die Nutzerzahl deutlich ansteigt, sodass die Abteile stellenweise brechend voll sind.
*Welche Funktion übernimmt für Sie die ICT?*
Eine Funktion ist mein mobiles Büro. Dank der Möglichkeiten der ICT kann ich alle meine Aufträge mit Hilfe meines iPhones koordinieren. Zudem schätze ich sehr, dass ich damit immer und überall Zugriff auf relevante Informationen habe.
*Gibt es auch Punkte der ICT, die Sie persönlich als kritisch bewerten?*
Spontan fällt mir eine Sache ein: eBooks. Einerseits nutze ich dieses Format sehr gerne für Klavierauszüge auf Reisen, da diese sehr schwer und unhandlich sind. Andererseits genieße ich aber Besuche von Buchläden oder einfach ein „richtiges" Buch zu lesen. Doch

im Zeitalter der ICT hat es dieses Format immer schwerer – Barnes&Noble vor der MET hat geschlossen.

*Frau Michael, was halten Sie vom Trend, dass sich gesellschaftliche Teile vehement gegen infrastrukturelle Großprojekte formieren?*

Also, teilweise ist die Anti-Haltung oder Bedenken gewisser Bevölkerungsteile gegen infrastrukturelle Großprojekte nachvollziehbar. Zumal diese in jüngster Vergangenheit bedauerlicherweise durch diverse Misserfolge infrastruktureller Projekte gestützt werden. Aber ich habe kein Verständnis dafür, dass Proteste gegen bereits genehmigte Projekte veranstaltet werden.

*Frau Michael, welche infrastrukturellen Maßnahmen würden Sie persönlich vorantreiben?*

Da ich persönlich sehr gerne Fahrrad fahre, würde ich mich für eine Verkehrsberuhigung von Innenstadtkernen zugunsten von Fahrradfahrern und Fußgängern engagieren. Ich bin sicher, dass dies aus gesellschaftlicher Betrachtung sinnvoll ist, wenngleich es im ersten Moment für Autofahrer mühsam erscheint – hier wäre jedoch eine Ausnahme beispielsweise für Elektrofahrzeuge denkbar.

*Welche Themen werden Ihrer Ansicht nach in den kommenden Jahren im Fokus der Automobil-Entwicklung stehen?*

Ich denke, dass sich die Automobilkonzerne vermehrt den Bedürfnissen der Kunden im Hinblick auf Karosserieformen und Nachhaltigkeit, beispielsweise in Form von effizienteren Motoren, annehmen werden.

*Zum Abschluss würde uns interessieren, wie sich aus Ihrer Sicht die Mobilität in Zukunft entwickeln wird.*

Meiner Ansicht nach wird die Mobilität allgemein zunehmen, allerdings nicht nur die sogenannte kurzfristige Mobilität, wie Berufs- oder Freizeitmobilität, sondern auch die langfristige Mobilität, also Wohnortverlegungen.

### 4.2.11 Kent Nagano

**Dirigent**

▶    Das Flugzeug ist mein Rückzugsort.

▶    „Please stop sharing" – Reaktion die Flut an sinnfreien Posts

Kent Nagano ist einer der erfolgreichsten internationalen Dirigenten dieser Zeit. Seine Stationen als Dirigent führten ihn vom Bostoner Sinfonie-Orchester über die Opéra National de Lyon an das Hallé-Orchester in Manchester sowie die Metropolitan Opera in New York. Von 2000 bis 2006 war Kent Nagano künstlerischer Leiter des Deutschen Symphonie-Orchesters in Berlin und ab 2006 bis 2013 Generalmusikdirektor der Bayerischen Staatsoper. Ab 2015 wird Herr Nagano dieses Amt an der Hamburgischen Staatsoper ausüben. Parallel zu diesen Engagements ist und war Herr Nagano Gastdirigent in Los Angeles sowie Music Director des Orchestre Symphonique de Montréal.

*Herr Nagano, was sind Ihre wichtigsten Transportmittel?*

Aufgrund meiner beruflichen Situation, bin ich sehr viel auf Reisen in sehr unterschiedlichen Destinationen. Dabei sind das Flugzeug und der Zug meine wichtigsten Verkehrsmittel.

*Gib es für Sie neben dem zeitlichen Aspekt auch weitere Vor- oder Nachteile des Flugverkehrs?*

Nun, speziell auf Langstreckenflügen, auch Long Haul Flights genannt, sehe ich als Vorteil, dass man in dieser Zeit ganz ungestört, ohne Ablenkung durch das Internet, Handys oder andere Formen der sozialen Medien, sowohl sehr fokussiert und ohne Unterbrechung arbeiten kann, als auch kreative Gedanken entwickeln kann – die Tatsache der Unerreichbarkeit entpuppt sich folglich als Vorteil. Sonderbarerweise sind Flüge daher Momente der Erholung, Momente der Ruhe, obwohl damit per se Stress verbunden wird. Allerdings meine ich, dass aufgrund der Preispolitik Fliegen heutzutage mehr als Massentransport denn als Außergewöhnliches oder Besonderes zu bezeichnen ist – diese gesteigerte Zugänglichkeit – das lässt so manche Service- und Komfortaspekte aus den Anfangszeiten in den 70ern und 80ern vermissen.

*Und welche Verkehrsmittel nutzen Sie im Alltag?*

Diese Frage muss ich differenziert beantworten.

Wenn ich mich gerade in Europa, beispielsweise München, oder in Kanada, zum Beispiel Quebec, aufhalte, nutzte ich den ÖPNV, fahre Rad oder gehe auch oftmals zu Fuß. Für längere Reisen nutze ich, sofern verfügbar, sehr gerne Schnellzüge, wie den französischen TGV, vor allem weil ich während der Reise die Zeit sehr effizient nutzen kann. Stellenweise ist eine Bahnreise sogar effizienter im Vergleich zum Flug, da keine langwierigen Ein- und Aus-Checkprozeduren aufgrund erhöhter Sicherheitsmaßnahmen anfallen und auch während der Reise keine Einschränkung aufgrund der Start- und Landephase bestehen.

Jedoch zeichnet sich für Aufenthalte in den USA oder Kanada ein sehr unterschied-liches Mobilitätsbild ab. Durch die erheblich größeren Distanzen sind Radfahren oder Fußwege als praktikable Fortbewegungsmittel nicht in den Köpfen der Leute präsent – es dreht sich hauptsächlich ums Auto. So rechnen beispielsweise die Leute in LA in Fahr-Minuten nicht in Geh-Minuten. Zugegebenermaßen ist auch keinen ausreichende Infra-struktur für alternative Fortbewegungsarten gegeben.

*Wie beurteilen Sie das Potential des öffentlichen Verkehrs in den USA verglichen mit Europa oder Kanada?*

Obwohl die Vorteile der Nutzung des öffentlichen Verkehrs klar auf der Hand liegen, spe-ziell im Hinblick auf ökologische Aspekte, gibt es in suburbanen Gebieten kaum Angebot an öffentlichen Verkehrsmitteln. Die notwendigen Investitionen, um hierbei Abhilfe zu schaffen, stehen jedoch in Konkurrenz mit sozialen, bildungsspezifischen und vielen anderen Investi-tionsentscheidungen. Und die Tatsache, dass in Teilen der USA, wie dem Mid-West, der Ost-küste und Kalifornien, Schieneninfrastruktur sogar rückgebaut wurde, lässt kaum Hoffnung auf eine Verbesserung der Situation. Kurzum, die Position des Automobils als Verkehrsmittel wird weiter gestärkt, insbesondere da dieser Trend in Nordamerika nach wie vor anhält.

*Wenn die Abhängigkeit vom Automobil als Mobilitätsgarant und den damit einherge-henden ökologischen Folgen nur sehr schwer zu lösen ist, wäre dann Ihrer Ansicht nach eine Reduktion des Verkehrsaufkommens durch ICT in Form von Substitution physischer Mobilität zu erreichen?*

Ohne Zweifel, der Klimawandel stößt dazu an, unseren Umgang mit fossilen Brenn-stoffen zu überdenken. Dementsprechend ließen die Möglichkeiten der ICT die Hoffnung aufkommen, das ständig steigende Verkehrsaufkommen durch stellenweise Substitution reduzieren zu können. Jedoch sieht die Realität anders aus. Obwohl der ICT-Sektor enor-me Wachstumsraten verzeichnet, steigt das Verkehrsaufkommen trotzdem an. Meine eigene Meinung hierzu ist, dass ICT die reale Mobilitätsnachfrage niemals in dem Maße ersetzen wird. Ich glaube nicht, dass mittels ICT jemals die Situation eines realen Vier-Augen-Gesprächs nachgestellt werden kann.

*Wie steht es um Ihre generelle Einstellung zur ICT?*

Für mich ist ICT in vielerlei Hinsicht ein wertvolles Tool. Jedoch bekomme ich in letz-ter Zeit den Eindruck, dass speziell die Kommunikationsmittel zweckentfremdet werden. Was ich damit meine ist, dass hunderte Textnachrichten versendet werden, die z. T. auch zu Missverständnissen führen – anstelle eines einfachen Telefonats bis man sich persön-lich trifft. Resultat dieser Flut an unnötigen Informationen in den Staaten ist:

„PLEASE STOP SHARING"

Diese Phrase soll zum Ausdruck bringen, mit dem exzessiven und sinnlosen Posten von Nachrichten aufzuhören.

*Was ist Ihre Erwartungshaltung an die Entwicklung künftiger Automobile angesichts des bedingten Potentials der ICT, das Verkehrsaufkommen abzufedern?*

Nun, während der letzten Jahrzehnte war die Entwicklung im Automobilbereich stark durch die Themen Leistung und Sicherheit getrieben. Diese wurden in den letzten Jahren um einen weiteren Aspekt ergänzt: Verbrauchssenkung durch gesteigerte Effizienz und alternative Kraftstoffe. Nicht zuletzt sollten auch Hybrid- und Elektrofahrzeuge, wie der Prius oder der Tesla, entsprechend gewürdigt werden. Diese Stoßrichtungen entsprechen auch genau meiner eigenen Erwartung: Weitere Senkung des Kraftstoffverbrauchs und noch strengere Emissionsauflagen.

*Wäre demzufolge das Elektrofahrzeug nicht die offensichtliche Lösung?*

Wir werden sehen, was langfristig passiert. Zwar gibt es jüngst vielversprechende Ansätze bei den BEVs (Battery Electric Vehicle), jedoch sind die klassischen Hürden in Form von Reichweite und Infrastruktur noch nicht auf dem Level, dass der aktuelle Entwicklungsstand der Elektrofahrzeuge bereits dem typischen amerikanischen Lifestyle gerecht wird. Aber die Zukunft steht noch offen und es werden technologische Fortschritte erzielt werden können.

*Herr Nagano, was ist Ihr persönlicher Ausblick für die Mobilität der Zukunft?*

Grundsätzlich werden wird einen Anstieg der Weltbevölkerung beobachten, und damit auch des Verkehrsaufkommens, speziell der Automobilität – vor allem in Entwicklungsländern. Als Konsequenz ist neuen Innovationen und Technologien als Hauptaufgabe die Erhaltung unseres Ökosystems beizumessen.

### 4.2.12   Max von Waldenfels

**CEO & Co-Founder Mylorry**

▶    Nach der Landung prüfe ich jeweils als erstes, ob bereits Netz verfügbar ist.

Max von Waldenfels war nach seinem Jura-Studium zunächst für ein mittelständisches Unternehmen tätig und wechselte dann ins Corporate Finance. Anschließend war Max von Waldenfels für zwei Jahre als Assistent von Herrn Theodor zu Guttenberg tätig. Nach seinem Exkurs in die Politik arbeitete Herr von Waldenfels als Berater für Start-Ups und größere Venture Capitals in London. Seit 2013 ist Herr von Waldenfels als Gründungsmitglied und CEO von MyLorry für die Unternehmens- und Produktentwicklung zuständig.

*Herr von Waldenfels, bitte skizzieren Sie kurz Ihr Mobilitätssystem, auf das Sie in London, UK, zurückgreifen.*

In London bestreite ich meine Arbeits- und Freizeitwege größtenteils mit dem sehr gut ausgebauten ÖPNV-Angebot, dem Taxi und insbesondere mit Hilfe von Bike- oder Carsharing-Angeboten.

*Haben Sie in UK ein eigenes Auto?*

Nein, weil ich überzeugt bin, dass in Metropolregionen wie London oder München das Angebot an Alternativen so groß ist, dass das eigene Automobil keine hohe Relevanz hat.

*Wie stellt sich demgegenüber Ihr Mobilitätsbild in Deutschland dar?*

In Deutschland ergibt sich ein ganz anderes Nutzungsprofil, verglichen mit UK. Hier ist meine wichtigste Mobilitätsressource das Auto, das ich auch jeden Tag nutze.

*Was schätzen Sie grundsätzlich am Automobil?*

Vor allem die Bequemlichkeit der Nutzung. Ich denke, dass gerade auch in Deutschland das Thema Leidenschaft eine große Rolle spielt. Bei gewissen Marken steht aber auch ganz klar die Möglichkeit der Expression der eigenen Eleganz und des eigenen Lifestyles im Vordergrund.

*Welche Punkte würden Sie hinsichtlich des Automobils eher nachteilig bewerten?*

Grundsätzlich die Punkte Kosten, Versicherung und Service. Einerseits aus rein finanziellen Gesichtspunkten, andererseits auch aus zeitlichen Gründen. Dabei gibt es bereits elegante Lösungen, diese Themen auszulagern.

*Sie meinen Carsharing?*

Ja. Meiner Ansicht nach bietet Carsharing die einzigartige Möglichkeit, die Vorzüge des Automobils uneingeschränkt zu nutzen, ohne langfristige Verpflichtungen einzugehen.

*Wie denken Sie, wird sich die Bedeutung des Automobils weiter entwickeln?*

Meiner Ansicht nach wird der Individualverkehr in den Metropolen durch den ÖPNV größtenteils substituiert. Allgemein wird sich auch für immer mehr Personen die Frage stellen, wie viel ist mir dieses Statussymbol und diese Bequemlichkeit noch wert – auch in Deutschland, wo wir ja ein sehr ausgeprägtes Statusdenken haben. Kurzum, das eigene Auto wird mit der Zunahme an attraktiven Alternativen an Bedeutung verlieren.

*Denken Sie, dass sich dieser Trend auch in einer Zunahme junger Personen ohne Fahrlizenz widerspiegeln wird?*

Ich könnte mir durchaus vorstellen, dass dies in Metropolregionen zutrifft. Ich kenne einige Personen in London, die mit über 30 Jahren noch immer keinen Führerschein besitzen.

*Was müsste Ihrer Ansicht nach geschehen, dass die Bahn in Deutschland an Attraktivität gewinnt?*

Generell sehe ich beim öffentlichen Personenverkehr ein Image-Problem. Dies könnte im Hinblick auf die Bahn einerseits durch kundenorientierte Services, wie beispielsweise WiFi, Sauberkeit oder auch Pünktlichkeit gesteigert werden. Vor allem aber auch die junge Kundengruppe könnte mit entsprechenden Marketing-Kampagnen für die Bahn gewonnen werden. Andererseits bietet sich der Ausbau von schnellen Stammtrassen an, um auch die Business-Kunden weiter zu binden und somit auch langfristig die Straßeninfrastruktur zu entlasten.

*Und welches Potential sehen Sie für den ÖPNV?*

Das ÖPNV-Angebot könnte mittels Integration von bereits bestehenden Sharing-Konzepten, durch erweiterte Services oder auch Prozesse überzeugen, welche eine „echte Alternative" zum Automobil darstellen.

*Welche Rollen spielt ICT in Ihrem persönlichen Mobilitätssystem?*

Wenn ich darüber nachdenke muss ich gestehen, dass für mich eigentlich die wichtigsten Mobilitätsressourcen mittlerweile meine ICT Devices sind. Für mein tägliches Leben, besonders im beruflichen Kontext, sind diese unerlässlich.

Nach der Landung prüfe ich jeweils als erstes, ob bereits Netz verfügbar ist.

*Welches Gefühl haben Sie in dieser Zeit, in der Sie von der Nutzung der ICT ausgeschlossen sind?*

Es stellt sich eine gewisse Unruhe ein, wenn ich meine Devices nicht nutzen kann. Allerdings merke ich auf Flügen, bei denen ich meine Devices nicht nutzen kann, dass die Unruhe schnell in Ruhe umschlägt. Grundsätzlich merke ich auch, dass meine Konzentration erhöht ist, da nicht ständig eine Ablenkung vorhanden ist. Durch diese Technologie wird einerseits sehr viel Freiheit geschaffen, andererseits aber auch deutlich eingeschränkt – die ständige Erreichbarkeit fordert auch ihren Tribut.

*Welches generelle Plädoyer möchten Sie hinsichtlich der Mobilität abschließend geben?*

Da ich die größten Veränderungen in den kommenden Jahren primär durch technologische Neuerungen getrieben sehe, möchte ich mich ganz klar für Investitionen in entsprechende Forschung und Entwicklung aussprechen. Ganz konkret würde ich mir beispielsweise nicht nur eine klare Befürwortung, sondern auch eine konsequente Unterstützung der Elektromobilität wünschen.

## 4.2.13   Kristina von Weiss

▶ Heute steht das Auto für mich an Nummer eins als Verkehrsmittel

Kristina von Weiss war zuletzt als Sector Marketing Manager bei Ernst & Young tätig. Sie ist Mutter von drei Kindern und momentan in Elternzeit. Nach Abschluss ihres BWL-Studiums und eines anschließenden internationalen Trainee-Programms war Frau von Weiss bei einem weltweit führenden Forst- und Papierkonzern verantwortlich für den Bereich New Business Development.

*Frau von Weiss, wie sieht Ihre Prioritätenliste hinsichtlich der verschiedenen Verkehrsmittel aus?*

An erster Stelle stehen das Auto, dann der Bus und der Fußweg.

*Was hat das Auto für Sie grundsätzlich für eine Bedeutung?*

Ich finde es für meine Bedürfnisse einfach praktisch. Außerdem ist es mir sympathisch, ich fühle mich wohl damit. Aber in erster Linie ist es ein Gebrauchsgegenstand, auf den ich nicht verzichten kann.

*Hat sich Ihr Prioritätenset in den letzten zehn Jahren verändert?*

Ja. Früher bin ich mehr Fahrrad gefahren und habe auch die U- und S-Bahnen häufiger genutzt. Jetzt kommt das nicht mehr für mich in Frage, da ich Kinder habe. In Hamburg sind die U- und S-Bahnen z. B. sehr schlecht mit Kinderwagen erreichbar, da es kaum Aufzüge gibt.

*Welche Vor- und Nachteile haben die einzelnen Verkehrsmittel für Sie?*

Beim Busfahren entfällt natürlich die Parkplatzsuche, was hier in Hamburg ein großes Problem darstellt. Andererseits ist man nicht unabhängig, teilweise sind die Busse überfüllt und man muss Wartezeiten in Kauf nehmen. Für längere Strecken, insbesondere mit den Kindern, bevorzuge ich das Flugzeug. Es ist kurzweilig und man ist schnell am Ziel. Die Bahn nutze ich zurzeit kaum, da ich die Erreichbarkeit und auch die Infrastruktur von Flughäfen wesentlich kinderfreundlicher beurteile als die von Bahnhöfen.

*Inwiefern spielt die Informationstechnologie bei Ihnen eine Rolle im Hinblick auf Ihr Mobilitätssystem?*

Ich nutze sowohl Skype als auch Facetime, da die Systeme im Vergleich zum Telefonat auch das Bild übertragen. Meine Eltern, die nicht mehr so mobil sind, können auf diese Weise auch regelmäßig ihre Enkel sehen. Aber grundsätzlich ersetzt die Videokonferenz für mich nicht das persönliche Treffen.

*Welche Bedeutung haben Online-Versanddienste für Sie?*

Im Moment bestelle ich fast alles online, Lebensmittel, Kleidung, Spielzeug, sonstige Gebrauchsgegenstände. Mit einem kleinen Baby schätze ich wirklich die Zeitersparnis, die ich dadurch habe. Zwar vermisse ich auch das Einkaufserlebnis, aber momentan ist es für mich einfach praktisch.

*Wie beurteilen Sie die Verkehrsbelastung in den Städten? Empfinden Sie die Verkehrsdichte noch als tragbar?*

Da ich selten zu den Stoßzeiten unterwegs bin, fühle ich mich nicht so stark beeinträchtigt. Verbesserungswürdig finde ich allerdings vor allem die Belastung durch Baustellen. Hier könnte man viel Entlastung schaffen, indem man z. B. die Bauzeiten auf die Ferien verlegt. Außerdem wäre es mir ein Anliegen die öffentlichen Verkehrsmittel insbesondere für Kinderwagen benutzerfreundlicher zu machen.

*Welche Meinung haben Sie zum Thema Carsharing?*

Das haben wir gerade erst für uns entdeckt und finden es super. Seit Kurzem nutzen wir Car2Go sehr intensiv, da wir nur ein Auto haben, das vor allem ich mit den Kindern vorrangig nutze.

*Denken Sie, dass wir uns in10 Jahren noch immer auf die gleiche Art fortbewegen?*

Grundsätzlich ja. Sicherlich wird es in allen Bereichen technische Fortschritte geben, insbesondere was die Themen Sicherheit und Verkehrsplanung betrifft.

*Wenn Sie an einer entscheidenden Stelle Einfluss nehmen könnten, welche Maßnahmen im Bereich der Mobilität würden Sie ergreifen?*

Ja, ich würde die Zugänge für den öffentlichen Nahverkehr mit Aufzügen ausstatten. Außerdem würde ich es begrüßen, wenn es eine Lösung für das Parkplatzproblem in Innenstädten geben würde.

### 4.2.14   PD Dr. Tom-Philipp Zucker

**Chefarzt Klinikum Traunstein**

▶        Infrastrukturelle Verkehrsanbindung in suburbanen Räumen verbessern.

Nach dem Erlangen der allgemeinen Hochschulreife und dem Grundwehrdienst nahm Herr Dr. Zucker 1981 das Studium der Humanmedizin an der Ludwig-Maximilians Universität München auf, welches er 1987 mit dem Staatsexamen und der Approbation abschloss. Im Jahr 1988 folgte ebenfalls an der LMU München die Promotion am Institut für Rechtsmedizin. Vor Antritt seiner Habilitation leistete Herr Dr. Zucker als Oberstabsarzt d. R. an Bord von Marineeinheiten erneut seinen Wehrdienst. Während seiner anschließenden Habilitation am Universitätsklinikum Düsseldorf und der Heinrich-Heine-Universität Düsseldorf verbrachte Herr Dr. Zucker auch einen Forschungsaufenthalt an der Medical University of South Carolina in Charleston, USA und war zeitgleich Projektleiter im Sonderforschungsbereich 351 der Deutschen Forschungsgemeinschaft. Im Jahr 1996 war Herr Dr. Zucker Facharzt für Anästhesiologie und war fortan als Oberarzt der Klinik für Anästhesiologie am Universitätsklinikum Düsseldorf tätig. Im Jahr 2000 habilitierte Herr Dr. Zucker und erlangte die Venia legendi für das Fach Anästhesiologie an der Heinrich-Heine Universität Düsseldorf. Seit 2003 ist Herr Dr. Zucker Chefarzt der Abteilung für Anästhesie, Intensivmedizin und Schmerztherapie und leitender Notarzt am Klinikum Traunstein, das Akademische Lehrkrankenhaus der Ludwig-Maximilians Universität München, an der er seit 2006 nach einer Umhabilitation im Fach Anästhesiologie doziert. Seit 2007 ist Herr Dr. Zucker stellvertreter Ärztlicher Direktor am Klinikum Traunstein und der Kliniken Südostbayern AG.

*Herr Dr. Zucker, was ist Ihre wichtigste Mobilitätsressource?*

Meine wichtigste Mobilitätsressource ist das Auto. Zwar sind mir die Nachteile des Automobils, wie beispielsweise Kosten auch bei Nichtnutzung, bekannt, aber die Anbindung des öffentlichen Personentransports an den ländlichen Raum ist eher schlecht, weshalb wir auf das Auto angewiesen sind.

*Haben Sie demzufolge ein Lieblingsfahrzeug?*

Mein aktueller Favorit ist das Compact SUV eines bayerischen Automobilherstellers, das durch seine Bodenfreiheit und den Allradantrieb sehr gut auf meine Leidenschaft, die Jagd, abgestimmt ist. Dieses Geländefahrzeug macht auch auf der Straße mehr Spaß als unser Siebensitzer-Familienwagen, ein Compact Van eines anderen deutschen Autobauers.

*Glauben Sie, dass die Automobilität durch wachsende ökologische Ansprüche zukünftig zurück geht?*

Ich denke nicht, dass sich eine Veränderung über ökologische Aspekte erzielen lässt. Vielmehr glaube ich, dass dies nur mittels Kostenanpassung durchzusetzen ist. Hierbei muss sich jeder selbst die Frage stellen, wie viel ihm seine Mobilität wert ist.

*Sehen Sie in der Elektromobilität eine ökologische Alternative?*

Also in meinen Augen ist zum aktuellen Zeitpunkt das Thema E-Mobility ein Irrweg, denn wir können keine $CO_2$ neutrale Energiegewinnung gewährleisten. Die Optimierung des Verbrennungsmotors in Verbindung mit regenerativen Kraftstoffen finde ich persönlich erfolgsversprechender.

*In welchem Licht stehen bei Ihnen die Verkehrsmittel Bahn und Flugzeug?*

Ich sehe die Bahn als das teuerste Transportmittel an, wenn ich im Vergleich dazu das Fahrzeug oder auch den Flugverkehr nehme. Allerdings finde ich, dass die Faszination Flugverkehr passé ist und die effektive Reisezeit deutlich mehr Zeit in Anspruch nimmt als die eigentliche Flugdauer, sodass beispielsweise schlechte infrastrukturelle Anbindungen an einen Flughafen sich sehr negativ auf die Gesamtreisedauer auswirken.

*Welche infrastrukturellen Maßnahmen erachten Sie als sinnvoll, um Mobilität weiterhin in der heutigen Form zu gewährleisten?*

Ich denke, dass hinsichtlich der Infrastruktur zwischen urbanen und suburbanen Räumen differenziert werden sollte. So befürworte ich in den urbanen Zentren absolut den Ausbau des ÖPNV-Angebots oder auch die Einführung einer City-Maut. Diese Investitionen sind auch notwendig, denn die Nutzer des ÖPNV werden anspruchsvoller. Demgegenüber sollte der Fokus im suburbanen Raum auf den Ausbau der Straßeninfrastruktur gelegt werden. Diese ist einerseits günstiger in der Anschaffung als auch im Unterhalt verglichen mit Schienenanlagen und andererseits muss das Transportmittel nicht gestellt werden wie beispielsweise bei der U-Bahn.

Abschließend würden wir gerne wissen, welche Entwicklungen Sie aufgrund dieser Infrastrukturpolitik in den kommenden Jahren erwarten?

*Tendenziell sehe ich eine zunehmende Ungleichverteilung der Investitionen zwischen Land und Stadt. Einerseits gibt es aus meiner Sicht demzufolge* keine Antwort auf die demographisch bedingte Zunahme der Mobilitätsanforderung in den suburbanen Räumen, andererseits empfinden viele Autofahrer Frust über die mangelnde Straßenkapazität, welche sich in Staus widerspiegelt. Es werden folglich private Anbieter diese Nachfrage bedienen. Letztlich sehe ich aber Mobilitätsdienstleistungen als Staatsaufgabe an, weshalb ich eine Privatisierung des öffentlichen Personenverkehrs eher für falsch halte und ich mich entgegen des ökonomischen Gedankens klar für den Ausbau des Streckennetzes der Bahn ausspreche. Hierbei denke ich, dass eine höhere Effizienz im Staatsapparat viele Probleme lösen könnte.

# Mobilitätssysteme – welches Mobilitätsverhalten ist typisch?

**5**

Acht Mobilitätstypen stehen stellvertretend für die vorherrschenden Mobilitätsnutzungsmuster unserer Gesellschaft. Dargestellt werden hier sowohl ihre heutigen Mobilitätssysteme als auch mögliche zukünftige Mobilitätssysteme der einzelnen Mobilitätstypen.

Ein hocheffizientes Mobilitätsverhalten, wie es der Homo (vgl. dazu auch Kap. 2) an den Tag legt, ist in der Realität höchst selten. Um die tatsächlichen Nutzungsintensitäten der einzelnen Verkehrsmittel (vgl. dazu auch Kap. 3) aufzugreifen und sie mit den Ergebnissen aus der Interviewanalyse zu verbinden, bietet sich die Entwicklung einer Typologie an. Die Typologie veranschaulicht dabei nicht nur das jeweilige Mobilitätsbedürfnis der einzelnen Typen, sondern auch den vorherrschenden Lebensstil, sowie die sozialen Rahmenbedingungen, welche einen entscheidenden Einfluss auf die Wahl eines Mobilitätsinstrumentes haben.

Acht verschiedene Mobilitätstypen lassen sich ableiten:

▶ der Typ **Frequent Traveller**, der beruflich und privat die höchste Reisetätigkeit aufweist

▶ der Typ **Digitaler Nomade**, der intensiv digitale Features nutzt und von überall arbeitet

▶ der Typ **Logistiker** als Vertreter der regelmäßigen Berufspendler

▶ der Typ **Soccer Mum**, dessen Mobilitätsaufkommen primär durch die Bedürfnisse der Familienmitglieder bestimmt wird

▶ der Typ **Biker**, der seine Mobilität nach den Prinzipien der Nachhaltigkeit ausrichtet

© Springer Fachmedien Wiesbaden 2015
S. Henkel et al., *Mobilität aus Kundensicht*, DOI 10.1007/978-3-658-08075-4_5

▶   der Typ **Golden-Age-Nomade**, der mobil ist, um seine sozialen Kontakte zu
    pflegen

▶   der Typ **Silver Surfer**, dessen Mobilität sich aus Altersgründen ins Internet ver-
    lagert hat

▶   der Typ **Party-Hopper**, der ein hohes Mobilitätsbedürfnis bei gleichzeitig sehr
    niedrigem Budget hat

Bei der Übertragung dieser Typen auf gesamtgesellschaftliche Verhältnisse darf nicht vergessen werden, dass bestimmte Typen zwar nur einen Bruchteil unserer Gesellschaft re-
präsentieren, aber für einen Großteil der zurückgelegten Kilometer verantwortlich sind.
So stellt der Typ des Frequent Traveller zwar nur ca. zwei Prozent der Gesamtbevölkerung
dar, legt aber in Einzelfällen pro Jahr bis zu 300.000 km zurück.

Aus Abb. 5.1 geht hervor, dass den unterschiedlichen Mobilitätstypen unterschiedlich
große Gruppen zugeordnet werden können. Dabei weisen die einzelnen Gruppen eine
unterschiedlich hohe Mobilitätsintensität auf, die jeweils mit einer unterschiedlich hohen
Anzahl zurückgelegter Kilometer pro Jahr korrespondiert.

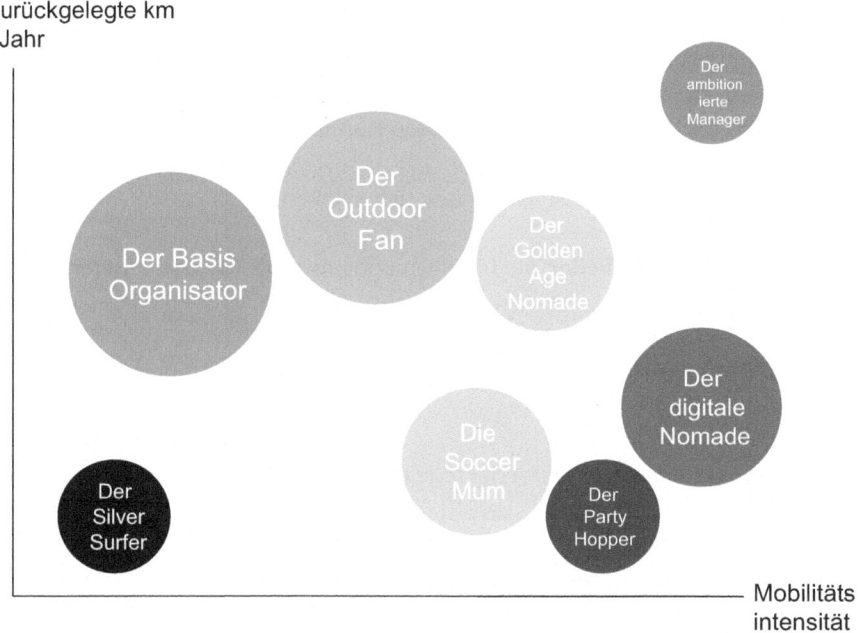

**Abb. 5.1**  Charakteristika der acht Mobilitätstypen. (eigene Darstellung)

Die größten Gruppen legen dabei nicht zwingend die meisten Strecken zurück. Neben den sozialen Faktoren wie Lebensstil, Alter und sozialer Status beeinflussen natürlich nicht zuletzt auch die zurückzulegenden Kilometer die Auswahl der Mobilitätsinstrumente.

Ein weiterer wichtiger Einflussfaktor bei der Wahl eines Mobilitätsinstrumentes sind persönliche Vorlieben. Diese können Ausdruck eines bestimmten Wertesystems oder konkreter Bedürfnisse sein. Fünf solcher Faktoren haben sich als entscheidend bei der Wahl eines Mobilitätsinstrumentes herauskristallisiert.

**Emotion:** Welches Gefühl suche ich bei der Nutzung eines Mobilitätsinstrumentes?

**Prestige:** Welchen Status erlange ich durch die Nutzung eines Mobilitätsinstrumentes?

**Zeit:** Welchen zeitlichen Vorteil verspricht mir die Nutzung eines Mobilitätsinstrumentes?

**Komfort:** Welchen Komfort erfahre ich bei der Nutzung eines Mobilitätsinstrumentes?

**Kosten:** Welche Kosten sind mit der Nutzung eines Mobilitätsinstrumentes verbunden?

Zusammen mit den Erkenntnissen aus den geführten Interviews lassen sich Mobilitätsysteme für die einzelnen Mobilitätstypen ableiten. Ein Mobilitätssystem umfasst jeweils das gesamte Mobilitätsverhalten eines Nutzertyps.

Besonders spannend ist natürlich die Frage, wie die Mobilitätssysteme von morgen aussehen? Welchen Einfluss hat dabei die Informationstechnologie? Werden wir auch zukünftig jeden Morgen physisch im Büro anwesend sein, oder schalten wir uns zu einem Meeting einfach dazu – von überall auf der Welt? Hat das Auto auch in Zukunft noch den gleichen Status als Prestigeobjekt und individueller Rückzugsort?

Auf diese und viele andere Fragen haben wir Antworten und Lösungskonzepte für die Mobilitätsanforderungen von morgen gesucht. Die hier dargestellten Lösungskonzepte basieren auf der Datengrundlage unserer Experteninterviews und einer Verdichtung der von unseren Interviewpartnern entworfenen Lösungskonzepte (Abb. 5.2).

## 5.1 Der Frequent Traveller

Dieser Typ hat einen ehrgeizigen Karriereplan und einen eng getakteten Tagesablauf. Eine effiziente Zeitplanung ist für ihn essentiell. Dabei legt er größten Wert auf Komfort und einen reibungslosen Ablauf aller Aktivitäten. Ein gepflegtes Äußeres ist für ihn selbstverständlich. Außerdem kann sich dieser Typ für luxuriöse und ungewöhnliche Accessoires begeistern. In seiner Freizeit liebt er alles, was Luxus und Geschwindigkeit verbindet. Vertreter dieses Typs verfügen tendenziell über eine akademische Ausbildung und mehrjährige Berufserfahrung.

**Wo man ihn trifft**

In der Flughafen-Lounge beim «Call» mit Klienten

**Woran man ihn erkennt**

Am gepflegten Business-Outfit, wahlweise der Maßanzug oder das Kostüm in gedeckten Farben und am Rollkoffer im Laptop-Format.

**Wo er lebt**

Mit dem Lebensabschnittspartner in einem Loft über den Dächern der Großstadt

JH: Achtung: die Abbildung wird wahrscheinlich an anderer Stelle platziert und nicht direkt unter dieser Überschrift, deshalb sollte die Überschrift wegfallen. Das betrifft auch alle weiteren Mobilitäts-Typen (Abb. 5.3)

**Sein Mobilitätssystem · Heute · Beruflich** Das Mobilitätsvehikel seines beruflichen Alltags ist das Flugzeug. Beratungsprojekte und Kundentermine in unterschiedlichen Metropolen erfordern die Überwindung größerer Distanzen in kurzer Zeit. Zum Flughafen lässt sich der Frequent-Traveller-Typ bevorzugt mit dem Taxi fahren, um keine Zeit mit der Parkplatzsuche zu vergeuden. Die Kosten hierfür trägt der Arbeitgeber.

**Privat** Am Wochenende holt dieser Typ seinen Sportwagen aus der Garage und unternimmt kurze Spritztouren. Im Urlaub will der Frequent-Traveller-Typ mal so richtig

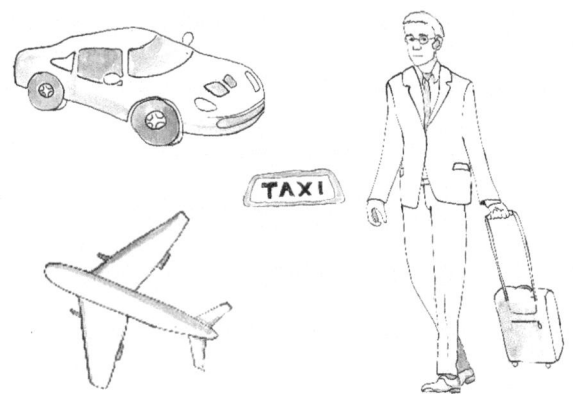

**Abb. 5.2**  Frequent Traveller

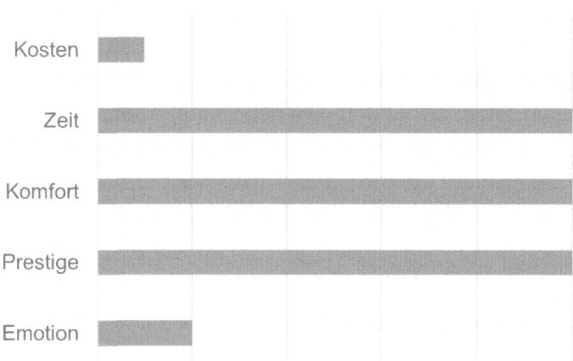

**Abb. 5.3**  eigene Darstellung

abschalten und bewegt sich am liebsten nicht mehr vom Fleck. Beliebte Reiseziele dieses Typs sind abgeschiedene Hideaways und Ressorts, die ein Rundum-Sorglos-Paket anbieten und keinerlei individuelle Mobilität erfordern.

## 5.2   Der Typ Digitaler Nomade

Der digitale Nomade fühlt sich überall zu Hause, wo es WLAN gibt. Sein berufliches und privates Leben spielt sich zu einem großen Teil auf dem Display seines Phablets ab. Er ist immer erreichbar für seine Freunde auf der ganzen Welt und für die Kollegen im Büro. Er stellt der Welt auf Twitter die lückenlose Chronologie seines Tagesablaufes zur Verfügung und legt Wert auf ein lässiges Auftreten. Er ist selbstständig und arbeitet, wann und wo er gerade Lust hat (Abb. 5.4).

**Wo man ihn trifft**
Dort wo es Kaffee, WLAN und eine Steckdose gibt
**Woran man ihn erkennt**
Am aufgeklappten MacBookPro oder Tablet und dem Headset im Ohr.
**Wo er lebt**
Sein Wohn- und Arbeitszimmer sind Cafes, Bars und Hotellounges. Daneben hat er auch noch ein Schlaflager in zentraler Innenstadtlage (Abb. 5.5).

**Sein Mobilitätssystem · Heute · Beruflich** Aufgrund seines urbanen Umfelds ist er häufig zu Fuß oder mit dem Fahrrad unterwegs. Sein Arbeitsequipment hat der Digitale Nomade praktisch in einem trendigen Rucksack untergebracht. Bei schlechtem Wetter

**Abb. 5.4**  Digitaler Nomade

**Abb. 5.5**  eigene Darstellung

**Abb. 5.6**  Logistiker

nutz er die U-Bahn und liest unterwegs die Tageszeitung auf dem Phablet. Der Typ Digitaler Nomade könnte sich problemlos ein Auto leisten, scheut aber den Aufwand.

**Privat** Beruf und Privatleben verschmelzen zu einer untrennbaren Einheit, sodass sich der digitale Nomade auch am Wochenende nicht weit von WLAN Hotspots entfernt. Muss er einmal größere Dinge transportieren, leiht er sich ein Auto bei einem Freund oder nutzt Carsharing. Im Urlaub sucht er gerne die Extreme und besinnt sich auf die Natur. Hierfür nutzt er das Flugzeug in Kombination mit einem Mietwagen.

## 5.3   Der Typ Logistiker (Abb. 5.6)

Dieser Typ arbeitet in der Dienstleistungsbranche. Er legt Wert auf einen geregelten Berufsalltag und benötigt genügend Freiraum für sein Privatleben. Der Logistiker engagiert sich gerne für soziale Projekte und pflegt persönliche Kontakte. Sein Aktionsradius liegt

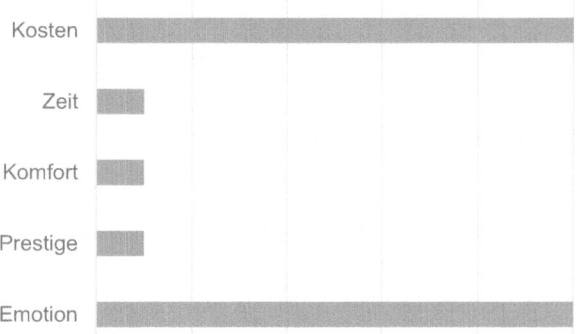

**Abb. 5.7** eigene Darstellung

zu einem Großteil im direkten Umfeld seines Wohnortes, zu dem er intensive heimatliche Gefühle hegt. Seine äußere Erscheinung ist eher unauffällig. Im Beruf legt er Wert auf eine professionelle Ausstattung und den direkten Kontakt zu Menschen. Der Typ Logistiker ist in allen Altersklassen vertreten.

**Wo man ihn trifft**

Mit Freunden beim gemütlichen Sonntags-Brunch im Café.

**Woran man ihn erkennt**

An der Kapuzenstrickjacke beim Spaziergang mit dem Rauhaardackel

**Wo er lebt**

Als Single in einem 2-Zimmer Appartement in einer kleinen Vorstadtgemeinde (Abb. 5.7)

**Sein Mobilitätssystem · Heute · Beruflich** Um zum Arbeitsplatz zu kommen, nutzt der Typ Logistiker einen Kleinwagen älteren Baujahrs. Die beruflich bedingte Mobilität beschränkt sich bei ihm auf den Weg zur Arbeitsstelle und zurück. Das eigene Auto ist für diesen Typ noch ein individueller Rückzugsraum. Mit dem Verlassen des Autos beginnt der Arbeitsalltag.

**Privat** Auch in der Freizeit nutzt dieser Typ den individuellen Kleinwagen. Für Aktivitäten am Wohnort selbst kommt zudem das Fahrrad zum Einsatz. Da dieser Typ intensive Beziehungen zu seiner direkten Umgebung pflegt, ist das Mobilitätsbedürfnis in der Freizeit gering. Urlaubsreisen werden mit dem Flugzeug oder auch mit dem eigenen Kleinwagen angetreten.

## 5.4   Der Typ Soccer Mum (Abb. 5.8)

Dieser Typ ist in der Regel weiblich und hat zwei Kinder. Sie ist vorwiegend als Vollzeitmutter tätig oder hat einen Teilzeitjob. Sie legt Wert auf eine optimale Förderung ihrer Kinder und hat hierfür einen genauen Plan ausgearbeitet. Für den besten Musik- und

**Abb. 5.8** Soccer Mum

Sportunterricht ist ihr kein Weg zu weit. Ihre äußere Erscheinung ist geprägt durch prakti-
sche Designerkleidung, die sie durch trendige Accessoires ergänzt. Tendenziell ist der Typ
SUV-Mutti immer im Stress und von den eigenen Ansprüchen leicht überfordert.

**Wo man ihn trifft**
Im Bioladen in ihrer Kleinstadt

**Woran man ihn erkennt**
An der wasserabweisenden Barbour Jacke und der farbenfrohen Wickeltasche mit Fla-
schenhalterung

**Wo er lebt**
In einem modernen Einfamilienhaus im Grünen vor der Stadt (Abb. 5.9)

**Sein Mobilitätssystem · Heute · Beruflich** Für den Familienalltag nutzt dieser Typ
bevorzugt ein SUV-Modell. Hier können nicht nur alle Kinder, sowie das komplette Zube-
hör untergebracht werden, sondern es verleiht auch einen gewissen Status. Ist dieser Typ
berufstätig, wird der SUV auch für die Fahrten zur Arbeitsstelle eingesetzt.

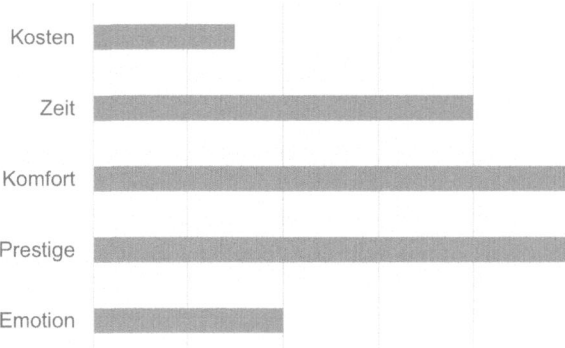

**Abb. 5.9** eigene Darstellung

**Privat** Am Wochenende und in der Freizeit ist der Typ Soccer Mum ebenfalls rundum im Einsatz für Einkaufs- und Besuchstouren sowie sonstige Freizeitaktivitäten.

## 5.5   Der Typ Biker (Abb. 5.10)

Dieser Typ fühlt sich jünger als er ist und ist körperlich in guter Verfassung. Der Typ Biker liebt die Natur. Zu seinen Hobbies zählen Rad- und Trekkingtouren. Er ist pensioniert oder arbeitet in Altersteilzeit und hat ausreichend Zeit für seine Hobbies. Oftmals hat der Biker eine/n gleichgesinnte/n Partner/in, die/der seine Aktivitäten begleitet. Der Typ Biker legt viel Wert auf Nachhaltigkeit und Umweltverträglichkeit und erwirbt konsequent nur Produkte, die diesen Ansprüchen gerecht werden. Er ist zudem überzeugt, mit seiner umweltfreundlichen Lebensweise auch noch Kosten zu sparen.

**Wo man ihn trifft**
Im Fahrradabteil eines Regionalzuges auf einem Klappsitz

**Woran man ihn erkennt**
Am mitgeführten Liegefahrrad mit eingebauter Batterie und der gepolsterten Radlerhose

**Er lebt**
In einem Haus Marke Massivholzbau mit Solardach im Grünen vor der Stadt (Abb. 5.11)

**Sein Mobilitätssystem · Heute · Beruflich** Erledigungen oder eventuelle berufliche Verpflichtungen verrichtet der Biker bevorzugt mit dem Bus oder der Bahn.

**Privat** Im privaten Alltag setzt der Biker auf seinen alten Skoda mit umgeklappten Rücksitzen. Hier kann er seine Gartengeräte transportieren und führt auch ein kleines Ersatzteillager für seine Fahrräder mit. Zu seinen Hobbies gehört das Fahren eines Liegefahrrads, mit dem der Biker viele Touren unternimmt.

**Abb. 5.10** Biker

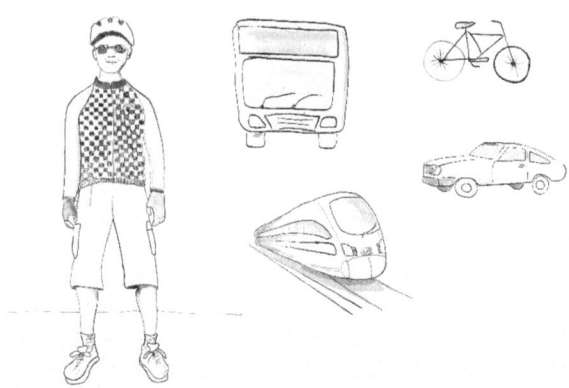

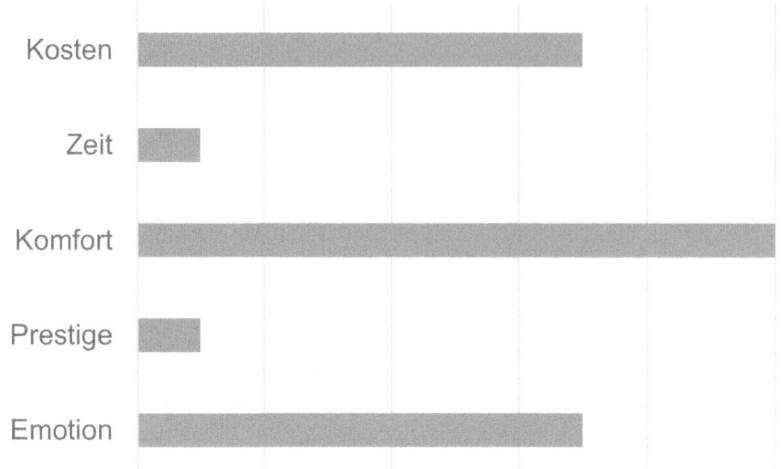

**Abb. 5.11**  eigene Darstellung

## 5.6   Der Typ Golden-Age-Nomade (Abb. 5.12)

Der Typ Golden-Age-Nomade hat viel Zeit und ist gerne unterwegs. Das Berufsleben liegt hinter ihm, die Kinder sind aus dem Haus. Häufig ist dieser Typ wieder Single und noch sehr agil. Freunde und Familie leben verstreut im weiteren Umkreis und der Golden-Age-Nomade ist gerne bereit, alle reihum zu besuchen. Er legt viel Wert auf Komfort und eine angenehme Reiseatmosphäre. Dabei spielt der Preis weniger eine Rolle. Seine äußere Erscheinung ist stets seriös und gepflegt.

**Wo man ihn trifft**

Im 1. Klasse Bahn-Abteil auf dem Weg von der besten Schulfreundin zu den Enkelkindern.

**Woran man ihn erkennt**

Am Sudoku-Heftchen auf den Knien, der Lesebrille und dem „Travel Case light" auf vier Rollen

**Abb. 5.12**  Golden-Age Nomade

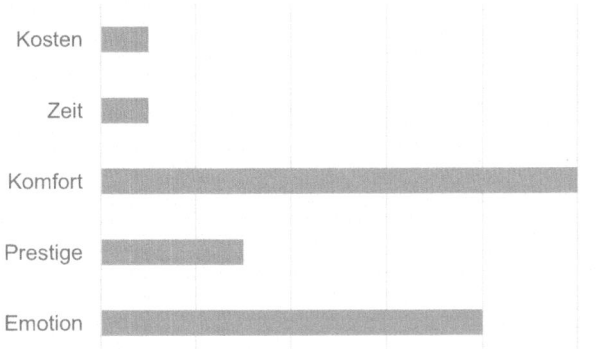

**Abb. 5.13**  eigene Darstellung

**Wo er lebt**
Als Single im modernen 2 Zimmer-Apartment in zentraler Lage (Abb. 5.13)

**Sein Mobilitätssystem · Heute ·  Privat** Der Typ Golden-Age-Nomade besitzt kein eigenes Auto mehr, da er den zunehmenden Verkehr und den Wartungsaufwand scheut. Für
größere Strecken nutzt er die Bahn und für kürzere Innenstadtdistanzen den Bus. Zu längeren Wartezeiten oder komplizierten Umsteigeprozeduren ist er allerdings nicht bereit,
sodass gerne auch auf das Taxi zurückgegriffen wird.

## 5.7  Der Typ Silver Surfer (Abb. 5.14)

Der Typ Silver Surfer hat sein aktives Berufsleben bereits hinter sich und kann nicht mehr
an allen sozialen Aktivitäten teilnehmen. Kinder, Enkelkinder oder Urenkelkinder haben
ihn aber mit dem Internet vertraut gemacht und damit eine neue Leidenschaft begründet.

**Abb. 5.14**  Silver Surfer

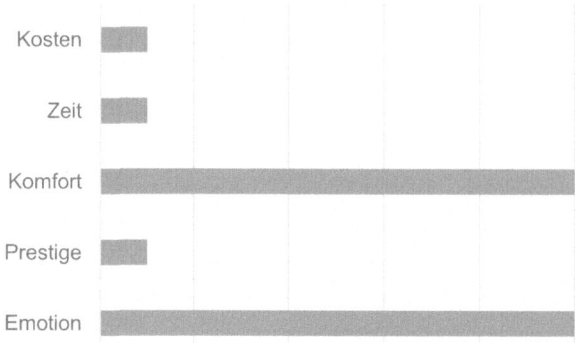

**Abb. 5.15** eigene Darstellung

Aufgrund seiner zunehmend eingeschränkten körperlichen Mobilität ist das Internet für den Typ Silver Surfer der virtuelle Dorfplatz an dem er Neues erfährt und Meinungen austauscht. Er legt Wert darauf, stets gut über das Weltgeschehen und die Gesellschaft informiert zu sein. Um den technischen Anschluss zu behalten ist der Typ Silver Surfer jedoch unbedingt auf Hilfe angewiesen.

**Wo man ihn trifft**
Zu Hause im Arbeitszimmer an seinem Schreibtisch aus Eichenholz
**Woran man ihn erkennt**
An den Pantoffeln und den leuchtenden Augen, wenn er von seinen neuen Facebook-Bekanntschaften erzählt
**Wo er lebt**
Alleine oder mit seinem Ehepartner im Einfamilienhaus am Stadtrand (Abb. 5.15)

**Sein Mobilitätssystem · Heute · Privat** Das Mobilitätsbedürfnis ist beim Silver Surfer vergleichsweise gering. Ein eigenes Auto besitzt der Silver Surfer nicht mehr. Für notwendige Fahrten zum Arzt kommt ein Fahrdienst zum Einsatz. Ergänzende Fahrten werden privat über die Familie organisiert und erfolgen mit dem Auto.

## 5.8  Der Typ Party-Hopper (Abb. 5.16)

Der Typ Party-Hopper ist spontan und energiegeladen und sucht ständig nach neuen Vergnügungen. Zusammen mit seinem engsten Freundeskreis feiert er die Nächte durch und richtet sein Leben zu einem großen Teil nach Events und Partys aus. Der Typ Party-Hopper hat noch keine Kinder und selten bereits ein festes Einkommen. Aufgrund seines eingeschränkten Budgets muss er spontan und kreativ bei der Reiseplanung sein. Ansprüche an Komfort und Sicherheit stellt er deshalb häufig zurück. Der Typ Party-Hopper geht noch zur Schule oder ist in der Ausbildung.

**Abb. 5.16**  Party Hopper

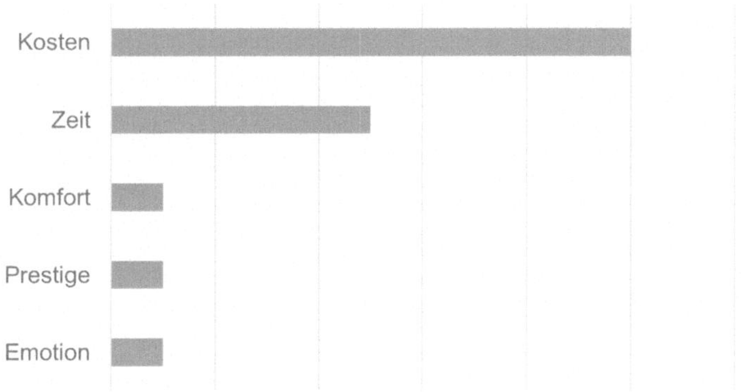

**Abb. 5.17**  eigene Darstellung

**Wo man ihn trifft**
In Lloret de Mar bei der Summer Opening Beach Party
**Woran man ihn erkennt**
Am neonfarbenen Tank Top und der Wodka-Flasche in der Hand
**Wo er lebt**
Zwischen Kinderzimmer im Haus seiner Eltern und Studentenbude (Abb. 5.17)

**Sein Mobilitätssystem · Heute · Beruflich** Das Verkehrsmittel des Alltags ist der Bus, häufig der Schulbus.

**Privat** Um zu Freunden zu gelangen oder auszugehen kommen primär öffentliche Verkehrsmittel zum Einsatz, da der Party-Hopper oftmals keinen Führerschein hat. In Einzelfällen werden Mofas oder Roller eingesetzt. Um an besondere Destinationen zu gelangen nimmt der Party Hopper auch mal einen Billigflieger.

# Mobilitätssysteme – wie setzt sich Mobilität zusammen?

**Kapazitätsengpässe, neue technische Möglichkeiten, sowie gesteigerte Erwartungshaltungen der Mobilitätsnutzer erfordern neue Lösungsansätze. Basierend auf der Bedürfnisanalyse der einzelnen Mobilitätstypen, sowie den Erkenntnissen der Interviews lassen sich typspezifische Lösungsansätze ableiten.**

So unterschiedlich die dargestellten Mobilitätstypen sind, so sehr unterscheiden sich auch ihre Mobilitätssysteme. Während der preissensible und gewohnheitsliebende Typ des Basis-Organisators sein heutiges Mobilitätsverhalten fast ausschließlich mit dem eigenen liebgewonnenen Kleinwagen bestreitet, richtet der preisunsensible und pragmatische Typ des Frequent Travellers seine Mobilität an der Effizienz und dem erlebten Komfort aus.

So wäre es z. B. vorstellbar, dass der Frequent Traveller in Zukunft eine Premium-Reiseflatrate bucht, die ihm in einem definierten Zeitraum die freie Nutzung ausgewählter Verkehrsträger ermöglicht. Um den hohen Ansprüchen dieses Typs gerecht zu werden, sollte ein solches Abonnement nur Angebote aus dem Premium-Segment umfassen und kann durch ein zugehöriges intermodales Reise-App sinnvoll ergänzt werden. Hiermit könnten die Bedürfnisse des Frequent Travellers nach Prestige, Komfort und Zeitersparnis ideal aufgegriffen werden.

Der Typ des Digitalen Nomaden könnte ebenfalls von der Nutzung eines intermodalen Reise-Apps profitieren, welches ihm an jedem Ort den jeweils effizientesten Weg zum Ziel aufzeigt. Mit der Nutzung eines innovativen Carsharing-Modells könnte der Digitale Nomade sein Mobilitätssystem sinnvoll ergänzen.

Der Typ Logistiker, welcher vor allem zu Hauptverkehrszeiten von Staus betroffen ist, kann auf ein wachsendes Angebot von Fahrgemeinschaften zugreifen. Nicht nur für die Gewährleistung eines hohen Sicherheitsanspruchs, sondern auch im Hinblick auf die harmonische Zusammensetzung einer Fahrgemeinschaft gibt es interessante Ansätze. Im Zeitalter der Internetkontakte wird die Fahrgemeinschaft damit zum Ort des echten sozialen Austauschs.

© Springer Fachmedien Wiesbaden 2015

S. Henkel et al., *Mobilität aus Kundensicht*, DOI 10.1007/978-3-658-08075-4_6

Die Gruppe der Soccer Mums könnte eine echte Entlastung durch die Einbindung von Lieferdiensten erfahren. So ließen sich Fahrten für Einkäufe zukünftig deutlich reduzieren. Insbesondere im Lebensmittelsektor sind diese Dienste stark im Kommen. Die begleitenden Service-Angebote sind zudem durch eine hohe Nutzer-Convenience geprägt.

Für den Typ des Bikers wäre die Anschaffung eines Elektroautos eine sinnvolle Lösung. Es wird seinen Ansprüchen an emissionsarmes Fahren gerecht. Zukünftige Modelle bieten zudem den gewohnten Komfort. Widerstände seitens dieser Gruppe sind jedoch im Hinblick auf die Nachhaltigkeit der Stromgewinnung zu erwarten.

Die Gruppe der Golden-Age-Nomaden ist dagegen sehr empfänglich für begleitende Services, die Ihnen ein Höchstmaß an Komfort erlauben. So wäre es beispielsweise denkbar, über eine Bonuskarte der Bahn, Kundenprofile anzulegen und individuelle Dienstleistungen anzubieten. Diese Dienste könnten z. B. die Speicherung präferierter Verbindungen und Sitzplatzreservierungen oder die Platzierung der gewünschten Zeitungen und Zeitschriften am Platz beinhalten.

Der Typ des Silver Surfer kann zukünftig auch von der wachsenden Vielfalt an Online-Dienstleistungen profitieren. Arztbesuche könnten teilweise durch einen medizinischen Online-Beratungsdienst ersetzt werden. Ebenso könnten Lieferdienste für Lebensmittel und sonstige Gebrauchsgegenstände des Alltags einen seniorengerechten Service anbieten.

Für die preissensitive und nach einem Maximum an Mobilität strebende Gruppe der Party-Hopper wäre die Nutzung eines intermodalen Reise-Apps eine sinnvolle Lösung. Ergänzend kann die Nutzung von Bike- oder auch Carsharing-Konzepten einen wertvollen Nutzen stiften.

Insgesamt macht die mögliche Vielfalt der hier aufgezeigten Lösungskonzepte deutlich, dass Mobilitätslösungen der Zukunft auf deutlich gestiegene Ansprüche an Flexibilität und Komfort reagieren müssen (Tab. 6.1, 6.2, 6.3, 6.4, 6.5, 6.6, 6.7 und 6.8).

**Tab. 6.1** Der Frequent Traveller

| Bedürfnisse | | |
| --- | --- | --- |
| Prestige | Komfort | Zeit |
| **Mobilitätsvehikel** | | |
| *Heute* | | |
| Flugzeug | Taxi | Sportwagen |
| *Morgen* | | |
| *Premium-Flatrate für einzelne oder eine Auswahl an Verkehrsträgern* | *Premium-App für intermodales Reisen* | – |

**Tab. 6.2** Der Digitale Nomade

| **Bedürfnisse** | | |
| --- | --- | --- |
| Emotion | Zeit | – |
| **Mobilitätsvehikel** | | |
| *Heute* | | |
| Fahrrad | U-Bahn, Bus, Bahn | Smartphone |
| *Morgen* | | |
| *Intermodales Reise-App* Zeigt den effizientestes oder günstigsten Weg von A nach B auf | *Carsharing* Privates Carsharing über vertrauenswürdige Anbieter | – |

**Tab. 6.3** Der Logistiker

| **Bedürfnisse** | | |
| --- | --- | --- |
| Emotion | Kosten | – |
| **Mobilitätsvehikel** | | |
| *Heute* | | |
| Auto | | – |
| *Morgen* | | |
| *Fahrgemeinschaft* Bietet Kostenersparnis für den Arbeitsweg und eine Plattform für soziale Begegnungen | *Homedelivery* Einkaufen unabhängig von den Einkaufszeiten | – |

**Tab. 6.4** Die Soccer Mum

| **Bedürfnisse** | | |
| --- | --- | --- |
| Prestige | Komfort | Zeit |
| **Mobilitätsvehikel** | | |
| *Heute* | | |
| SUV | – | – |
| *Morgen* | | |
| *Homedelivery* Einkaufen unabhängig von den Einkaufszeiten | – | – |

**Tab. 6.5** Der Biker

| **Bedürfnisse** | | |
| --- | --- | --- |
| Emotion | Kosten | – |
| **Mobilitätsvehikel** | | |
| *Heute* | | |
| Fahrrad | Auto | – |
| *Morgen* | | |
| *Elektroauto* Emissionsarmes Fahren ohne Verzicht auf den gewohnten Komfort | – | – |

**Tab. 6.6** Der Golden-Age-Nomade

| **Bedürfnisse** | | |
|---|---|---|
| Emotion | Komfort | – |
| **Mobilitätsvehikel** | | |
| *Heute* | | |
| Flugzeug | Taxi | Bahn |
| *Morgen* | | |
| **Komfortkundenkarte** Bonus-Angebote wie z. B. Abruf beliebtester Verbindungen und Sitzplatzpräferenzen, Begrüßungsgeschenk am Platz, Kombiticket für Taxifahrten | – | – |

**Tab. 6.7** Der Silver Surfer

| **Bedürfnisse** | | |
|---|---|---|
| Emotion | Komfort | – |
| **Mobilitätsvehikel** | | |
| *Heute* | | |
| Laptop | – | – |
| *Morgen* | | |
| *Online-Arzt* Beratung und Übermittlung von Behandlungsplänen und Diagnose per Internet | *Homedelivery & Seniorenservice* Gewöhnliche Produkte online bestellen und bis in die Küche liefern lassen | – |

**Tab. 6.8** Der Party-Hopper

| **Bedürfnisse** | | |
|---|---|---|
| Kosten | Zeit | – |
| **Mobilitätsvehikel** | | |
| *Heute* | | |
| Mofa | U-Bahn, Bus, Bahn | Smartphone |
| *Morgen* | | |
| *Intermodales Reise-App* Zeigt den effizientestes oder günstigsten Weg von A nach B auf | *Bikesharing* Kostengünstiges Leihsystem für Fahrräder in Stadtgebieten | – |

The manufacturer's authorised representative in the EU is Springer
Nature Customer Service Centre GmbH, Europaplatz 3, 69115 Heidelberg,
Germany. If you have any concerns regarding our products, please
contact ProductSafety@springernature.com

Printed and bound by CPI Group (UK) Ltd, Croydon, CR0 4YY
29/04/2026
02099965-0003